U0041858

原口秀昭——著

陳曄亭——譯

圖解 S造
建築入門

一次精通鋼骨造建築的
基本知識、設計、施工和應用

前言

在學生時代，為了得到關於繪製的基礎知識，我讀過許多入門書籍。從那時候開始，我就一直非常疑惑為什麼沒有清楚簡單的圖解式說明呢。等到自己試著做做看之後，我就知道理由了。因為要進行圖解的描繪作業，真的是一件非常困難的事。

要說明一個東西，用文章的話可能幾句話就結束了，但是圖解必須尋找參考圖像，回溯至施作圖面的藍圖，細膩地找出可能不知道的地方，再描繪出所要的圖解；而在描繪的過程中，如果出現不知道的地方，就要再次進行調查，是一項非常費時的作業。若要進一步以漫畫的形式表現，又需要花費另一道工夫了。

即使是在設計監造的現場看過好幾次的東西，若要畫成圖解，還是需要一些圖像資料。在描繪的過程中，可能會常發生，啊，原來這裡是這樣啊，對於描繪的東西更加了解的情況。筆者本身在進行圖解的描繪時，時常要調查許多資料，因此老實說，結果反而是自己可以學到許多東西。

我常常跟自己說，這是可以學到很多東西的作業，也正因為如此，對於讀者來說，一定會是有用的資訊。我就是像這樣一邊自我勉勵，一邊慢慢地進行作業。而每當我將描繪出的圖解和文章更新至部落格（ http://plaza. rakuten.co.jp/mikao/ ）時，總會有許多狂熱的讀者來閱覽。

筆者所教導的學生們，常有因為缺乏理科技術性的知識而形成設計時只是在畫圖的情況。因此，我開始在網路上刊載附有圖解的記述，要他們每天去看，而這就是事情的開端。

我會開始使用部落格，就是希望學生能夠去讀取這樣的資訊。在大學的授課中，有時會有學生抱怨，每次去影印刪除了出版商名字的問題集時，檔案都會被分成兩本，這樣的話倒不如一開始就買書還比較便宜，使用起來也比較方便。

然後慢慢地，有些從事建築或不動產相關產業的熱心讀者，變得比學生更常利用這些放在部落格的資訊。針對這些讀者所提出的疑問及深入探討等，大幅修正、替換，再加入編輯的修正和期望，最後終於進行到出版的作業。就這樣從部落格發展出的書，已經有了第五本。

材料、構法、結構、施工、設計、繪製等合為一體，就形成建築物。設計或施工的現場，不像大學的授課可以垂直劃分，有許多入門書的內容實在過於基礎，實務上根本派不上用場；而針對專家所出版的詳細圖集或施工手冊，對於初學者來說又太困難，也無法傳達出建築有趣的地方。

本書從最入門一直到較深入的內容都有，希望讓讀者能夠將之連結至實務面，成為一個導引的入口，並進一步傳達出建築的樂趣。鋼骨造，特別是說到H型鋼，不能不談到德國建築師密斯（Ludwig Mies van der Rohe）。而論及由桁架構成的空間，就要提到英國建築師佛斯特（Norman Foster）。從作為材料的鋼的性質或銲接等，對初學者來說較高難度部分的解說，筆者都試著將之圖解化和漫畫化。

說到鋼骨造，不免會談到許許多多的鋼骨組立構法。其中與系列前作《圖解RC造建築入門》、《圖解木造建築入門》等重複的部分，將視情況加以省略。內外裝修工程、混凝土工程、木工工程等，則在上述二書，以及系列續作《圖解建築的室內裝修入門》中補足。

對於進行本書的企劃和在描繪圖解遇到瓶頸時適時給予鼓勵的彰國社編輯部中神和彥先生，以及進行原稿整裡、替換、檢查等繁雜編輯作業的尾關惠小姐，還有許多在結構、構法和材料方面提供指導的專家學者們，最後是狂熱的部落格讀者們，致上深深的謝意。真的非常謝謝大家。

2010年12月

原口秀昭

目次   CONTENTS

圖解S造
建築入門

Q S造的S是指什麼？

▼

A steel的S，也就是指鋼。

S造就是鋼構造。鋼是鐵的碳含量在2%以下，通常約0.15～0.6%，黏性較強的鐵。結構物所使用的鐵，全部是鋼。

鐵是iron，也是熨斗（an iron）的語源。在純鐵裡加入碳，就變成鋼＝steel。

> 鐵→ iron
> 鋼→ steel

鋼構造一般稱為鋼骨造。鋼骨造、鋼構造、S造是同樣的意思。

> 鋼骨造≒鋼構造≒S造

S造的S就是steel喲

$Steel$ ＝ 鋼 ： 鐵 ＋ 碳
Fe   C
$Iron$ ← 熨斗的語源

Q RC造是什麼？

▼

A 鋼筋混凝土造（reinforced concrete construction）。

 RC是 reinforced concrete 的縮寫，直譯是補強過的混凝土。利用鋼筋補強的混凝土，就是鋼筋混凝土。

混凝土可以承受壓力，但無法承受拉力（張力）。因此，在受拉力方向要埋入鋼筋（鐵棒：正確來說是鋼棒）進行補強。這就是鋼筋混凝土。

至於鋼骨能否抵抗壓力，答案是不管對壓力或拉力，抵抗力都很強。細鋼筋如果受壓就會彎曲變形，但粗厚的鋼骨柱或梁，抗壓和抗拉兩者都很強。

不管是 S 造或 RC 造，各有優缺。RC 造建物沉重而耐用，所以軍事設施、核能電廠、港灣設施等都用 RC 造。

Reinforced
補強過的

Concrete
混凝土

RC造就是
鋼筋混凝土造

1

S 造的基本

Q SRC造是什麼？

▼

A 鋼骨鋼筋混凝土造（steel reinforced concrete construction）。

S造是鋼骨造（鋼構造），RC造則是鋼筋混凝土造。至於SRC造，是由S造與RC造組合而成的鋼骨鋼筋混凝土造。

鋼骨鋼筋混凝土造是在鋼骨的周圍配置鋼筋，再澆置混凝土予以硬固的結構，也就是用鋼筋混凝土來包覆鋼骨的意思。

因為加入了鋼骨，柱梁的尺寸可以比鋼筋混凝土造柱梁細。此外，這種結構承受搖晃和耐火的強度也優於鋼骨造，常用於中高層建築。

SRC造是適用於身為地震國的日本的結構。

    S造　→鋼骨造
    RC造 →鋼筋混凝土造
    SRC造→鋼骨鋼筋混凝土造

Q LGS造是什麼？

▼

A 輕鋼構（light-gauge steel-framing）。

 LGS是light-gauge steel的縮寫。gauge是規格之意，LGS造就是輕規格的鋼構造，即輕鋼構。獨棟式住宅或公寓等規格化建物，會採用輕鋼構。

廣義來説，LGS造也包含在所謂S造裡。

用於公寓的內裝壁基礎等處，以薄鋼板彎折製成的鋼材，也是LGS，表記為LGS基礎等。用於LGS基礎的**間柱**（stud）等構件，輕得單手就可以輕鬆拿起。

Q 鑄鐵是什麼？

▼

A 比鋼的碳含量更高、較脆的鐵。

從高爐（blast furnace，亦稱鼓風爐）中得到的鐵＝銑鐵，裡面含有許多磷、硫磺、碳等不純物。除去銑鐵中的不純物，降低碳濃度，就得到鋼。

碳含量比鋼更多、含碳2%以上的鐵，稱為**鑄鐵**（cast iron）。雖然鑄鐵較硬，但也較脆，受到強力敲打會破碎，所以不適合用於結構上面。一般市面上流通的鐵，幾乎都是鋼。

> 碳含量（高爐→）銑鐵＞鑄鐵＞鋼＞純鐵
> 鑄鐵　碳含量2～4.5%
> 鋼　　碳含量0.007～2%
> 純鐵　碳含量0～0.007%

要讓鑄鐵變成液體的溫度，也就是熔點，約1200度，鋼的熔點則約為1500度。由於鑄鐵較容易熔化，常將鑄鐵熔化後倒入模具中鑄造。鑄造出來的物品稱為**鑄物**（casting，鍛造物）。

鑄鐵的英文是cast iron。cast有放入模具中製造，也就是鑄造之意。

Q 鋼骨耐火還是不耐火？

A 不耐火。

 鋼和木頭不同，它不會燃燒，但是熱度會讓它的強度減弱。鋼的強度隨碳含量而異，溫度約500度時強度剩下一半，約1500度則會熔化（這個溫度稱為熔點）。熱度會讓鋼像糖果一樣熔化變形。

由於鋼不耐熱，必須進行耐火被覆（fire resistive covering），才能成為耐火結構。所謂耐火被覆，就是為了不讓鋼的溫度上升，在鋼的周圍包覆不易燃的材料。

Q 鋼骨怕水還是不怕水？

A 怕水。

■ 鐵會生鏽，隨著生鏽的進行，鋼骨的強度也減弱，進而崩壞。因為鐵很怕水，所以用混凝土等加以補強。

例如，基礎或地下室等需要埋入土中的結構物，就不能用鋼骨，而要用鋼筋混凝土來建造。即使是S造的建物，基礎或地下室還是會用RC造。

地上層的鋼骨則要塗上防鏽物質，鋼骨的外側也要貼上外裝材，防止雨水滲入。

欄杆等會接觸雨水的地方，不要使用鐵，改用鋁或不鏽鋼來製作。

鋼骨的弱點就是火和水，最好離火和水遠一點。

Q 混凝土中的鐵會不會生鏽？

▼

A 不會生鏽。

鐵浸入水中，會氧化成為氧化鐵（Fe_2O_3，三氧化二鐵＝紅鏽〔red rust〕）。這種氧化反應在酸性環境中最容易發生，在鹼性中則不會。

混凝土就是鹼性。由於鐵在鹼性環境中不會生鏽，所以混凝土中的鐵不會生鏽。

然而，受到空氣中二氧化碳或酸性雨等的影響，混凝土會從表面往內部逐漸中性化（neutralization）。當混凝土轉為中性，鐵就變得容易生鏽。鐵生鏽的話會膨脹，破壞周圍的混凝土，產生爆裂（spalling）現象。當然，如果沒有水的話，即使混凝土中性化，鐵也不會生鏽。

如果把鋼骨柱的基礎埋入混凝土中，即使在土中也不容易生鏽。像這樣將可能接觸到水的鋼骨部分以混凝土包覆起來，就不必擔心會生鏽了。

SRC造就是用鋼筋混凝土把鋼骨周圍包覆起來的構法，除了耐火之外，混凝土的鹼性性質也讓鋼骨不容易生鏽。

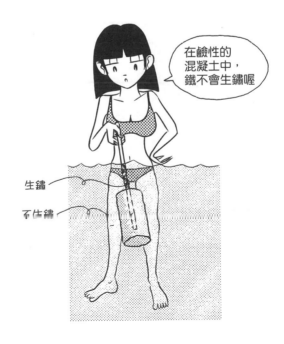

在鹼性的混凝土中，鐵不會生鏽喔

生鏽

不生鏽

Q 紅鏽、黑鏽是什麼？

A 在鋼的表面生成的紅色或黑色的氧化鐵。

紅鏽是分子式為 Fe_2O_3 的氧化鐵；黑鏽則是分子式為 Fe_3O_4 的氧化鐵，也稱為**磁鐵礦**（magnetite）。

鋼材在從工廠出廠的階段，表面就已經附上一層黑鏽，稱為**黑皮**或**鏽皮**（mill scale）。mill 是指製造廠，scale 則是氧化物薄層。黑皮為一緻密層，有一定程度的防鏽效果，常用於鍋具等物品的防鏽。

進行塗裝或銲接等作業之前，要先將表面的黑皮**刮除**（scraping，表面處理〔surface preparation〕），因為塗料或熔融金屬與鏽混合後，會使得塗裝或銲接不完全。但在螺栓的接合面上，由於可增加摩擦力，不會除去薄鏽。此外，埋入混凝土中的鋼筋也是，由於會增加附著力，所以把薄鏽留下來。

Q 鋼骨為什麼可以快速進行組合？

▼

A 因為它不像混凝土那樣需要等待硬固，且在工廠製作的構材可以用螺栓或鉚釘等在現場組立。

🔷 等待混凝土硬固需要花費一段時間，建造上層之前，必須等待下層硬固至某種程度。因此，每層約需花費一個月時間。

另一方面，若使用鋼骨，只要將工廠製作好的構材，利用螺栓或鉚釘等在現場進行組立即可。銲接等作業盡量在工廠一併完成。以結構技師艾菲爾（Alexandre Gustave Eiffel, 1832-1923）為代表的艾菲爾建設公司所建造的艾菲爾鐵塔（La Tour Eiffel），為了趕上1889年巴黎世界博覽會，以當時堪稱劃時代的速度，也就是兩年兩個月的時間，一口氣建好約300m。若看看工程中的照片，在四支拱腳組立好後，下方的鷹架就跟著拆除了，當然也沒有使用塔式起重機（tower crane）。

在1851年的倫敦世界博覽會，英國建築師派克斯頓（Joseph Paxton, 1803-1865）建造了水晶宮（Crystal Palace）。這座以鋼骨和玻璃建造，長約560m的巨大建物，十個月便組立完成。19世紀後半，是鋼骨建物由土木的、機能的「結構物」，逐漸轉變為美的「建築」的時代。

好快的速度啊…

17

Q 艾菲爾鐵塔之美是什麼？

▼

A 1. 藉由鐵塔襯托出周遭環境。
　　2. 展望台或升降梯沒有破壞鐵塔的輪廓。
　　3. 鋼骨構材又細又多，與結構無關的裝飾也多。
　　4. 淡茶色的色彩與景觀調和。

與東京鐵塔（1958年，內藤多仲・日建設計）相較，艾菲爾鐵塔佇立在公園的軸線上，位於塞納河對岸高台的夏佑宮（Palais de Chaillot）的露台，是絕佳的觀景地點。從夏佑宮看過去，鐵塔背向太陽，輪廓更顯清晰，強調出細鋼骨的結構。

東京鐵塔的升降梯是從拱中央直突而起，所以拱的輪廓中央會看到不必要的輪廓線。

艾菲爾鐵塔的鋼骨整體而言多半是細構材，東京鐵塔的鋼骨較粗且構材數也較少。在沒有起重機的年代，鋼骨構材必須小而細。

若近看艾菲爾鐵塔，可以看出有許多跟結構無關的裝飾構材，也稱為「鐵的花邊細工」。

東京鐵塔外層塗上了顯眼的紅色和白色，是日本航空法所規定的顏色，説不上是高雅的品味。另一方面，艾菲爾鐵塔則是淡茶色，且常處於逆光，更可見其纖細的姿態。

Q 大型建造物為什麼多是鋼骨造？

▼

A 因為鋼骨造不像鋼筋混凝土造那麼笨重，也不像木造那樣有強度弱和耐久性低的缺點。

美國獨立百年時，法國贈予紐約自由女神像（1886年，雕像由法國雕塑家巴特勒迪〔Frédéric Auguste Bartholdi〕設計）作為紀念，它的結構與艾菲爾鐵塔一樣是由艾菲爾建設公司建造的鋼骨造，外部用銅板製作而成，內部則用鋼骨進行組立與支撐。

要完成如此巨大的雕像，內部必須以鋼骨造來建造。以四根柱為中心，在周圍用細鋼骨支撐雕像。其中需要加入許多斜撐材，除了能夠協助組立鋼骨的直角，也讓鋼骨易於做出傾斜的結構。

以長方形對角線狀進行斜向支撐的構材，稱為**斜撐**（brace）。雖然也有只以垂直、水平的鋼骨進行組立的支撐方法，不過這樣一來構材會變得較粗。變粗就表示會變重，代表費用跟著增加了。

雖然也可以用鋼筋混凝土來建造結構，但總重量變重，工期也變長。當然木造也是可能的方法，不過缺點是強度比鋼骨弱、容易毀壞，也無法耐火、耐水或防蟲。

設置在建築物上的大型廣告看板，也多是由鋼骨組立而成；為了抵抗強風，裡面加入很多斜向構材。

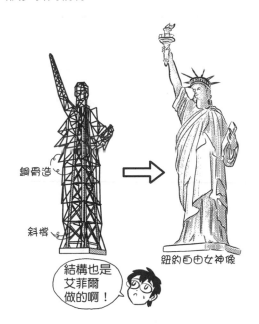

鋼骨造

斜撐

結構也是艾菲爾做的啊！

紐約自由女神像

Q 新藝術派的作品為什麼常使用鐵？

▼

A 利用彎折或鑄造，比較容易做出曲線或曲面。

■ 薄鐵板或細鋼管都可以輕鬆彎折，而且鑄鐵的熔化溫度（熔點）低，熔化之後可以倒入模具，鑄造出想要的形狀。

新藝術派（art nouveau）建築的特徵是植物般的曲線設計，大量使用鐵。這是因為鐵很容易做出曲線、曲面。不管是彎折或鑄造，鐵硬固後就是堅固的鋼材，所以常用於扶手或方格門窗。

奧塔（Victor Horta, 1861-1947）的布魯塞爾自宅（1901 年），就是彎折細鐵件做出植物般的曲線。吉馬德（Hector Guimard, 1867-1942）設計的巴黎地鐵入口處扶手（1900 年），則是以鑄造的方式做出植物般骨架的意象。

奧塔自宅後來成為奧塔博物館，可以參觀內部陳設。此外，巴黎各處地鐵入口都能欣賞到吉馬德的作品。

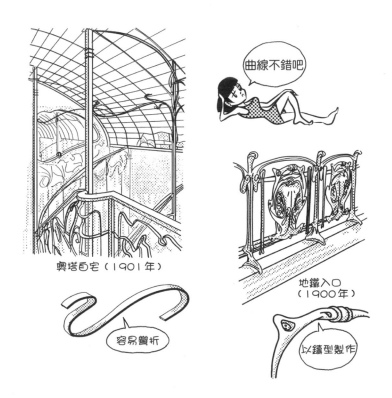

奧塔自宅（1901 年）

容易彎折

地鐵入口
（1900 年）

以鑄型製作

曲線不錯吧

Q 大跨距的梁為什麼多使用鋼骨？

▼

A 混凝土梁太笨重，木梁強度又太弱。

🧊 巴黎奧塞美術館（Musée d'Orsay）以擁有透光玻璃的圓頂形大天花板聞名。大空間的拱頂（vault，連續拱的圓筒形屋頂）以鋼骨梁支撐。

以把細鋼骨組成三角形的方式組立而成的結構體，稱為**桁架**（truss，後述）。這種結構體重量輕但強度夠，常用於鐵橋或體育館的梁等結構。

奧塞美術館的牆壁是磚造，只有梁是鋼骨。原本以磚或石等堆砌而成的砌體結構（masonry structure）建物，只有梁會使用木頭。木梁橫跨牆壁，形成地板或屋頂結構。如果發生火災，屋頂和地板會燒毀，只剩下牆壁。

奧塞美術館原為建於1900年的奧塞火車站，當時兼為火車站和旅館。如果要在鐵路月台上架設屋頂，**跨距**（span，柱與柱之間的距離）會變長。要支撐這種大跨距，鋼骨桁架梁是最合適的。

這座車站改建後，1986年作為美術館開幕，而改建後仍保留可讓陽光灑落的大空間。隔著塞納河與羅浮宮相對而建的奧塞美術館，它的空間和藝術品，吸引全世界的觀光客佇足欣賞。

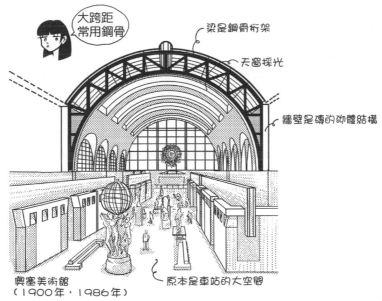

大跨距常用鋼骨

梁是鋼骨桁架

天窗採光

牆壁是磚的砌體結構

奧塞美術館（1900年，1986年）

原本是車站的大空間

Q 為什麼只有梁使用鋼骨？

A 因為鋼骨梁不像木梁那樣容易彎曲，也比RC梁輕。

美國建築師萊特（Frank Lloyd Wright, 1867-1959）設計的羅比之家（Robie House，1909年，芝加哥），以向左右大幅延伸的屋簷來強調水平線的設計聞名。用以支撐這個屋簷的就是鋼骨梁。羅比之家的牆壁和柱是使用磚或木頭，地板用木頭或RC，屋頂則是木頭和一部分鋼骨。因為使用鋼骨，才得以讓大片屋簷向外突出。

若使用木梁的話強度不足，RC梁又過重。鋼骨梁既輕又有強度，有時會如羅比之家的例子，只在梁的地方部分使用鋼骨。

羅比之家保存至今，也開放參觀內部，造訪芝加哥時千萬別錯過了。

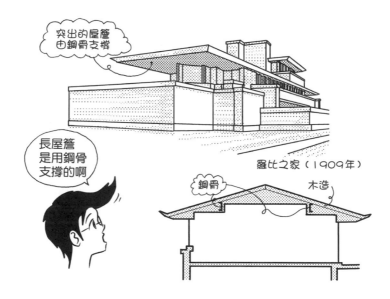

突出的屋簷由鋼骨支撐

長屋簷是用鋼骨支撐的啊

羅比之家（1909年）

鋼骨　木造

Q 高層建築為什麼要採用鋼骨造？

▼

A 鋼骨有強度又輕，而且用鉚釘或螺栓就可以輕鬆完成組立。

現今的高層建築幾乎都是S造或SRC造，但由於高強度混凝土的技術開發，高層公寓等也會使用RC造。芝加哥的信賴大廈（Reliance Building，1895年，伯納姆與魯特事務所〔Burnham & Root〕）是19世紀末美國開始發展時，所建造的十六層樓建築。這棟建築不是用鑄鐵來組立骨架，而是採用鋼。鋼的強度比鑄鐵好，而且有耐火等優點。

當時芝加哥建造了許多建築，因而有芝加哥學派（Chicago School）之名，在建築史上寫下精采的一頁。除了鋼的生產及組立技術逐漸成熟之外，芝加哥大火（1871年）後的復興景氣，也形成一股推波助瀾的力量。摩天樓（skyscraper）一詞，最初便是1889年報章雜誌評論芝加哥建築的用語。而歷經超過一個世紀後，信賴大廈今日依舊佇立芝加哥街頭。

鋼的骨架組立

（鑄鐵的強度和耐火性都不如鋼）

比較高的建築應該使用鋼啊

長

信賴大廈（1895年）

即使低樓層也有大開口
（若是堆積磚塊而成的砌體結構，下方的牆壁會變得很厚）

Q 帝國大廈的骨架組立是什麼？

▼

A 鋼製的柱和梁。

高層建築的風潮，從19世紀末的芝加哥，延燒到1920～30年代的紐約曼哈頓。憑藉岩盤地質的優勢，建築的高度目標一口氣直衝一百層樓。

帝國大廈（Empire State Building，1931年，史萊夫、蘭布與哈蒙建築事務所〔Shreve Lamb & Harmon〕）是以等間隔設置的鋼製柱，以及與其橫向連結的梁，組立至一百零二層高。這就是稱為**框架結構**（rahmen structure，參見R028）的結構方式。細部的設計樣式，則有鋸齒狀、放射線、銳角等的裝飾藝術（art deco）特徵。

1925年巴黎國際裝飾藝術及現代工藝博覽會（Exposition Internationale des Arts Décoratifs et Industriels Modernes）開辦，自此鋸齒狀幾何學的機械式設計，便統稱為裝飾藝術，形成與新藝術派的植物般曲線截然不同的設計形態。

帝國大廈在世貿中心（World Trade Center）遭恐怖攻擊破壞後，再次成為曼哈頓島最高的建築。

裝飾藝術的
超高層建築
也是鋼構造喔！

帝國大廈（1931年）
102層，高443m

Q 紐約世貿中心是什麼結構？

A 鋼的管狀結構（tube-frame structure）。

 將柱以等間隔排列，再架設梁與之進行組立，稱為框架結構（參見 R028）。信賴大廈、帝國大廈都是框架結構。

反之，若外側由緊密排列的柱組成，形成可以抵抗側向應力（stress）的結構，稱為管狀結構。因為是只有外側排列的外圍結構，也可稱為框架型外圍結構等。

在大平面的情況下，內部的芯核（core，縱動線或設備集中的部分）周圍也會有柱排列。因911恐怖攻擊而崩毀的紐約世貿中心，中央芯核周圍的柱也有極高的強度。

管狀結構的表面裝有很長的斜撐，管狀結構的面也予以強化。芝加哥的約翰漢考克中心（John Hancock Center，1969年，SOM建築設計事務所）就是一例。

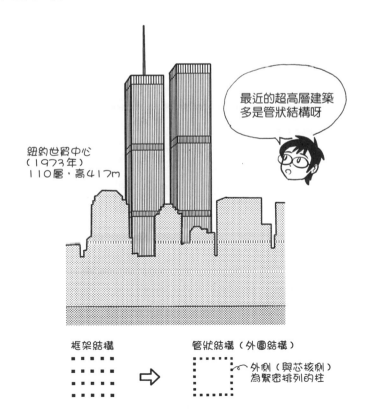

紐約世貿中心
（1973年）
110層，高417m

最近的超高層建築多是管狀結構呀

框架結構

管狀結構（外圍結構）

外側（與芯核側）為緊密排列的柱

Q 為什麼有時會將鋼骨柱外露？

▼

A 為了強調細長而輪廓鮮明的設計等考量。

 密斯（Ludwig Mies van der Rohe, 1886-1969）設計的巴塞隆納世界博覽會德國館（Barcelona Pavilion，1929年），是將四個L型斷面的鋼骨（**山型鋼、角鋼**，參見R089）組合起來，成為十字形斷面的柱，外側再用鉻合金板包覆起來。

雖然不是直接將鋼材外露，但巴塞隆納世界博覽會德國館的柱，從外表看起來非常細。十字形邊緣（端部）的尖端部分，也強調出柱的鮮明輪廓。

由細柱所支撐的水平屋頂，以及嵌入其中的牆壁，將形成抽象的面的屋頂和牆壁等組成，完美地呈現出來。之後的圖根哈特別墅（Villa Tugendhat，1930年），以及許多法院大樓計畫案，都反覆使用了十字形斷面的柱。

鋼骨之於密斯，就像RC之於柯比意（Le Corbusier），都是為了實現自己的設計而使用的結構材。巴塞隆納世界博覽會德國館已於原址重建。下次到巴塞隆納參觀高第（Antonio Gaudi, 1852-1926）的建築時，也別忘了造訪密斯的建築喔。

鋼骨柱

巴塞隆納世界博覽會德國館
（1929年）

十字形
的柱！

L型的鋼骨
（角鋼）

這個邊緣讓柱
看起來更輪廓鮮明

Q 為什麼有時會將H型斷面鋼材（H型鋼）的柱外露？

A H型鋼的邊緣可以強調細長而輪廓鮮明的設計等考量。

H型斷面的鋼材稱為 **H型鋼** 或 **H鋼**。H型鋼中央的板材稱為 **腹板**（web），兩端的構材稱為 **翼板**（flange）。

H型鋼翼板的厚度部分，直接作為斷面顯露在外。箱型的鋼材（角型鋼）看不到板的厚度，但H型鋼可以。之所以將H型鋼外露，是因為翼板邊緣可以展現出細長而輪廓鮮明的設計。

密斯設計的法恩沃斯宅（Farnsworth House，1951年）的柱，就是設置在樓板外側的H型鋼。廁所、浴室納入芯核中，廚房設在這個芯核的內側，其他是開放空間，一棟以最小限度的要素完成的住宅。柱採用了可以強調細長和輪廓鮮明感的H型鋼。

法恩沃斯宅完整體現密斯的美學，位於芝加哥北方，得益於藝術愛好者而保存下來，也可以參觀內部。

法恩沃斯宅
（1951年）

H型鋼

翼板

腹板

翼板的邊緣讓柱
看起來更輪廓鮮明

呈H的形狀
不錯吧

Q 法恩沃斯宅的窗框為什麼是用平鋼來夾起透明玻璃固定呢？

▼

A 藉由平鋼（flat bar）的橫斷面（最小的斷面），可以強調鮮明的輪廓。

將中央的平鋼當作柱，在其兩側用平鋼夾住玻璃來固定。用來夾住玻璃的平鋼，其邊緣、橫斷面看起來就像刀刃一樣，強調出鮮明的輪廓。平鋼的橫斷面在玻璃的周圍環繞一圈。

一邊的平鋼採**塞孔銲接**（plug welding，讓熔融金屬流入孔洞中形成螺栓），另一邊的平鋼則以螺絲固定，中間留下放入玻璃的空隙。

如果固定玻璃的**豎框**（mullion）是鋁製，由於鋁的強度較低，會將鋁框加粗，便無法展現如鋼框的鮮明輪廓。

因為鋼會生鏽，現在局部細部使用鋼材時，通常用不鏽鋼的平鋼來製作。

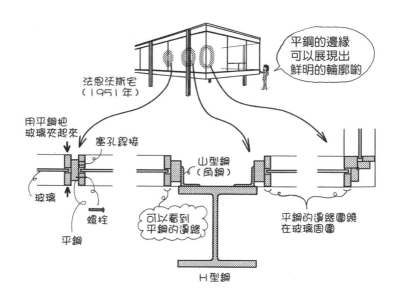

平鋼的邊緣可以展現出鮮明的輪廓喲

法恩沃斯宅（1951年）

用平鋼把玻璃夾起來　塞孔銲接

玻璃

螺栓

平鋼

可以看到平鋼的邊緣

山型鋼（角鋼）

平鋼的邊緣圍繞在玻璃周圍

H型鋼

Q 窗的豎框為什麼用H型鋼？

▼

A H型鋼的邊緣可以強調細長而輪廓鮮明的設計等考量。

豎框是用以支撐窗等部分的細柱。它不是支撐建物本體的結構材，而是輔助的結構材。

由於H型鋼的翼板可以強調輪廓的鮮明、細長，因此也開始用在豎框上。密斯設計的湖濱大道公寓（Lake Shore Drive Apartments，1951年），就是使用H型鋼豎框的代表範例。

支撐建物的大型H型鋼，會以混凝土或不可燃材料板進行耐火被覆，讓鋼骨在火災的熱度下不會像糖果般彎曲變形。由於進行了耐火被覆，柱形成正方形斷面，而豎框則是讓H型鋼外露，展現出鋼骨的鮮明輪廓。

豎框也是鋼骨，免不了會生鏽，即使在不常下雨的地區也要定期重新塗裝。現今製作窗的豎框也會考量維修問題，多用鋁製。

lake shore是湖岸，drive是汽車道。Lake Shore Drive是芝加哥密西根湖岸邊的道路名。沿著密西根湖湖岸所建的兩棟玻璃塔，可謂當時劃時代的建築作品。

湖濱大道公寓
（1951年）

H型鋼的豎框
創造出許多
細長的縱線

看起來較粗
的是柱

看起來較細
的是豎框

結構材經
耐火被覆

H型鋼

豎框

Q 大型梁為什麼設置在屋頂的上方？

▼

A 為了讓天花板面保持平坦，或讓屋頂的厚度看起來比較薄等考量。

密斯設計的伊利諾理工學院皇冠廳（Crown Hall IIT，1956年），是將大型梁設置在屋頂的上方，形成把屋頂下方吊起來的形狀。天花板面上看不到梁，而是一片平坦的面。

如果天花板上架設了大型梁，就會在天花板各處出現梁的蹤跡，空間因而被分割開來。再者，如果把大型梁藏在天花板內部，屋頂會變得非常厚重，且顯現在外觀上。

皇冠廳是沒有柱和牆的單一大空間，以家具等物件作為隔間。需要牆壁的小房間或廁所等處，設置為半地下，以免破壞上層沒有牆壁的均質性。此外，天花板碰到玻璃的端部特別往上提高，從外部看來只會看到薄薄的屋頂。

皇冠廳和法恩沃斯宅一樣，都是追求夾在水平面中的均質空間的設計作品。密斯提倡無不適用的通用空間（universal space），適用於各式建築物。他一生致力實現「less is more」（少即是多）的理念。

現在皇冠廳是作為芝加哥伊利諾理工學院建築學院的建物使用。

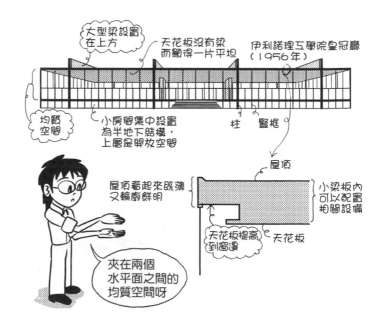

大型梁設置在上方

天花板沒有梁而顯得一片平坦

伊利諾理工學院皇冠廳（1956年）

均質空間

小房間集中設置為半地下結構，上層是開放空間

柱　醫框

屋頂

小梁板內可以配置相關設備

屋頂看起來既薄又輪廓鮮明

天花板提高到窗邊

天花板

夾在兩個水平面之間的均質空間呀

Q 使用設有格子狀梁的樓板（格子板）的原因是什麼？

▼

A 可以控制梁的大小、能看見格子狀的骨架等考量。

slab 原意是板或版，在建築中一般是指樓地板。格子板（waffle slab）是如格子鬆餅甜點、呈格子狀的樓板。

格子狀的細小凹凸，每個都是小型梁。因為這樣的梁數量眾多，讓每個梁的尺寸變小了，也稱為格構梁（桁架梁、花格梁）。

密斯設計的柏林新國家美術館（New National Gallery，1968 年），就是把巨大的格子板架在基礎平台上。這棟建築和皇冠廳一樣，小房間、牆壁圍起的房間等空間，放入基礎平台下面的地下。藉由格子狀的梁，強調出空間的均質性。

柏林新國家美術館與夏隆（Bernhard Hans Henry Scharoun, 1893-1972）設計的州立圖書館（State Library），隔著道路相對而建。「少即是多」的密斯，與夏隆的複雜造形形成對比。下次造訪柏林時，不妨參觀比較一下兩棟建築。

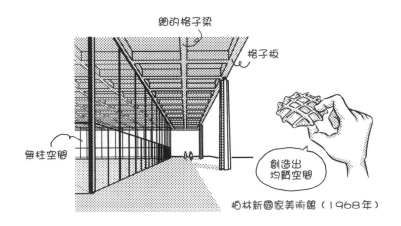

細的格子梁

格子板

無柱空間

創造出均質空間

柏林新國家美術館（1968年）

Q 使用平鋼製作的家具等物件所呈現的設計效果是什麼？

▼

A 平鋼的邊緣、橫斷面會讓設計看起來輪廓鮮明。

法恩沃斯宅是在窗框上使用平鋼，史卡帕（Carlo Scarpa, 1906-1978）則是在家具上使用平鋼來做組合。

下圖是義大利維洛納的城堡美術館（Museo di Castelvecchio，1964年）的展示台。這座中世紀城堡改建的美術館中，在家具、扶手、門窗等上面所見的鋼材輪廓鮮明的設計，與本體結構的粗石形成強烈對比。

平鋼與角形鋼管、圓形鋼管不同，容易彎折，在強度上比較不利。但使用鋼管的缺點是，無法像平鋼一樣呈現出銳利的角度。使用平鋼時，有時會把幾塊平鋼重疊起來，形成強調邊緣的設計。此外，使用兩塊鋼板來強調出邊緣的家具，也會給人輪廓鮮明的印象。

史卡帕的設計是以高精度來組合金屬或石頭這類冷硬的材料，演示出輪廓鮮明的印象。歐洲傳統上便盛行石頭或金屬的細工，現代的設計手法讓這項工藝技術有了新生命。

史卡帕在日本旅行途中，以七十二歲之齡驟逝於仙台。

Q 為什麼有時會將斜撐外露？

▼

A 為了賦予只有縱橫線條的設計一些變化。

龐畢度中心（Centre Georges Pompidou，1977年，皮亞諾〔Renzo Piano, 1937- 〕、羅傑斯〔Richard George Rogers, 1933- 〕）有著鋼骨柱梁、外露的斜撐、透明管狀手扶梯、塗覆各種色彩的配管等，以非常嶄新的設計風貌現身巴黎舊市街。這種將內裡完全顯露於外，並進一步強調的設計，明顯與密斯的美學相對立。

密斯提出的「少即是多」單純明快的形態受到批判，認為這樣的設計看起來都一樣又單調，衍生出主張「少即無聊」（less is a bore）的范裘利（Robert Venturi, 1925- ）等的後現代主義活動。後現代主義一詞是指近代以後的設計傾向的名稱，有複雜的形態、繽紛的色彩、附加歷史樣式等形形色色的表現方式，龐畢度中心便是代表範例。

Q 新東京都廳舍是什麼結構？

▼

A 四根鋼骨柱為一組的巨型結構（mega-structure）。

新東京都廳舍（1991年，丹下健三〔1913-2005〕）的結構是以四根柱組合成為巨大的柱（巨柱）。這樣的結構稱為**巨型結構**。主要位置的梁也是以數件構材組合成為巨梁。

丹下健三歷經東京奧運、大阪世博等日本高度成長時期，陸續建造了許多紀念館，也踏入後現代主義領域，是日本建築界的巨匠。

筆者學生時期曾在丹下健三的事務所打工。在幫忙拍攝模型照片時，丹下先生突然出現，甚至對打工的我都客氣地打招呼。這種謙虛的姿態讓我非常驚訝，至今仍記憶鮮明。

新東京都廳舍
（1991年）

巨柱
四根柱組合而成的大型柱

巨梁

後現代的雙塔結構也是簡單的巨型結構

Q 能夠以桌子來比喻的結構法是什麼？

▼

A 框架結構（rahmen structure）。

 桌腳與銜接的橫條保持直角，支撐上方的桌板。如果桌腳直接裝設在桌板上，難以保持直角，而且桌板會因重量而彎折。

桌子的桌腳相當於柱，橫條是梁，桌板是樓板。rahmen 是德文「骨架組立」之意，slab 則是英文的板、石板。在建築中，slab 一般是指樓板。

不管是 RC 造或 S 造，像桌子一樣的結構就是框架結構。

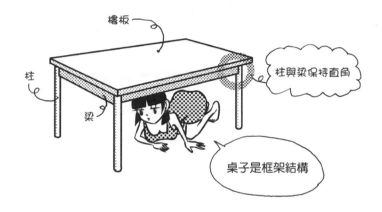

樓板

柱與梁保持直角

柱

梁

桌子是框架結構

3

框架結構

Q 銜接桌子（框架結構）桌腳跟的橫條（梁）是必要的嗎？

▼

A 是必要的。

桌子的桌腳跟一般不會裝橫條作為銜接，但建物需要裝設。這樣的橫條就是最下方基礎部分的梁，稱為基礎梁（footing beam）。

如果沒有裝設基礎梁，柱會開開合合，無法保持固定。為了讓柱牢牢立著，確實固定柱的位置，基礎梁至關重要。基礎梁斷面通常是所有梁當中最大的。

此外，基礎梁的作用還包括支撐上面的一樓樓板。基本上，樓板是由梁來支撐。

基礎梁幾乎都會埋入土中，所以是RC造。如果把鋼骨放入土中，很快就會生鏽損壞。

設計初學者容易忽略基礎梁這個構材，要特別留意。

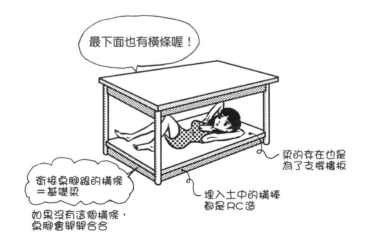

最下面也有橫條喔！

梁的存在也是為了支撐樓板

埋入土中的橫棒都是RC造

銜接桌腳跟的橫條＝基礎梁

如果沒有這個橫條，桌腳會睜睜合合

Q 斜撐結構是什麼？

▼

A 藉由斜撐來維持骨架組立的直角的結構方式。

 棒（柱、梁）比較細，或者縱棒與橫棒接合部分比較弱時，不容易保持直角而會彎曲。為了避免這種情況，就需要加入斜撐。

斜撐的英文是 brace，就是將棒或鐵絲斜放，讓直角不要崩壞的構材。以形成三角形的方式來保持直角。

藉由斜撐結構，棒（柱、梁）可以比較細，接合部分也可以輕鬆完成。輕鋼構（LGS造）經常使用斜撐。重鋼構（S造）有時也會加入斜撐。

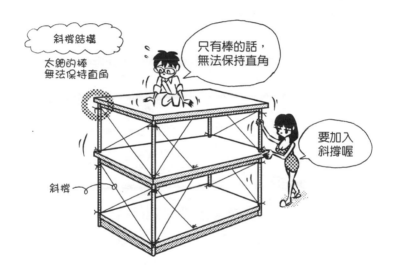

Q 大梁、小梁是什麼？

▼

A 架設在柱與柱之間的是大梁（girder），架設在梁與梁之間的是小梁（beam）。

 桌子如果變大，除了在桌腳跟之間架設橫條，也需要在橫條與橫條之間再加入橫條。這樣桌板才不容易彎曲，橫條的位置也不會移動。簡言之，追加的橫條讓結構更穩固。

柱與柱之間架設的大型梁稱為大梁，梁與梁之間架設的輔助小型梁稱為小梁。大梁也稱為 **G梁**，小梁也稱為 **B梁**。

柱與柱之間的梁→大梁（G梁）
梁與梁之間的梁→小梁（B梁）

Q 重疊桌子（框架結構）時需要對齊桌腳（柱）的位置嗎？

A 一般來說，應該對齊。

如果柱是直通的話，重量會直接往下傳遞，所以基本上各樓層柱的位置是一致的。

在梁上面放置柱的話，梁會承受彎曲的力。為了避免梁崩壞，必須使用特殊的大型梁。把大廳等大空間放在最上層，也是為了避免形成柱設置在梁上的情況。如果把大空間設計在下層，必須有能夠支撐大空間上的柱的大型梁。

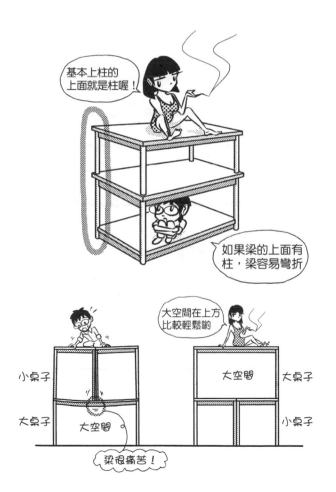

基本上柱的上面就是柱喔！

如果梁的上面有柱，梁容易彎折

大空間在上方比較輕鬆喲！

小桌子　　　　　　　　　　　大空間　　大桌子

大桌子　　大空間　　　　　　小桌子

梁很痛苦！

Q 曲線或三角形的樓板可以用框架結構來製作嗎？

▼

A 可以。

 這是學生常問的問題。就像有圓形桌、橢圓形桌、曲線形桌，還有三角形桌，框架結構也可以做出這些形狀。

然而，梁做成曲線、把梁斜向收納在柱裡等，都需要多花工夫，費用也變高。如果有銳角，柱與梁的連結變得困難，結構也不安定，實際設計時要特別注意。

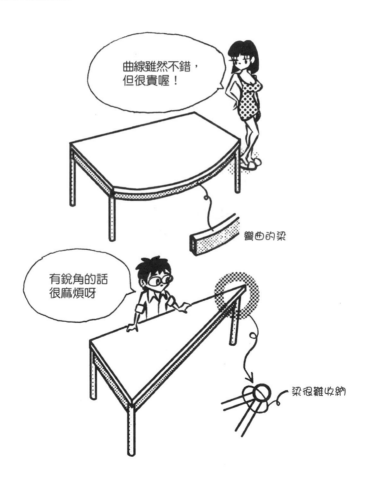

曲線雖然不錯，但很貴喔！

彎曲的梁

有銳角的話很麻煩呀

梁很難收納

Q 框架結構有哪些材料製作的呢？

A 有鋼骨造（S造）、鋼筋混凝土造（RC造）、鋼骨鋼筋混凝土造（SRC造）、大斷面的木造（W造）等。

以木造製作框架結構時，會使用較粗的柱和梁，在柱與梁的接合部分＝仕口則用金屬構件。木造的框架結構不像傳統工法（在來構法）和木構架（wood frame construction，2×4工法）那麼常使用。說到框架結構，一般都是RC造、S造和SRC造。〔譯註：2×4工法是北美地區盛行的木造工法，因使用的木材尺寸多為2英寸×4英寸而得名，1960年代末傳入日本〕

前面篇章以桌子為例說明了框架結構，但桌子的結構其實是由棒構成的。將棒與棒組合起來，讓這個組合的直角不要崩壞，就是框架結構。只用棒無法保持直角時，可以使用斜撐結構。為了讓以棒圍出的面（牆）穩固，可以加入輔助的斜撐材＝斜撐。

　　框架結構→由棒組合而成的結構
　　斜撐結構→組合棒之後用斜撐補強的結構

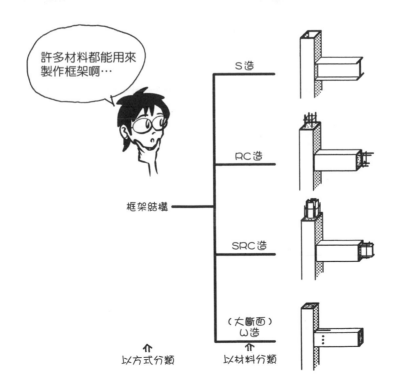

Q 懸臂是什麼？

▼

A 以單邊支撐全體的結構，或指懸臂梁。

從柱的部分向沒有柱支撐的外側伸出的梁、樓板等結構體整體，稱為懸臂（cantilever）。像這樣從柱伸出的梁，也可直接稱為懸臂梁。

在桌子中，從橫條向外突出的部分可視為懸臂。若是RC造，有時只有樓板向外伸出；但如果是S造，一定會有梁伴隨向外伸出。懸臂梁從柱延伸出去，在梁的前端相互以小梁連結，梁圍起的部分架設樓板。

Q 懸臂梁是什麼？

▼

A 如下圖，從柱伸出去的單邊梁。

像樹枝一樣從柱延伸出去的單邊梁，稱為懸臂梁。懸臂一詞有時即指懸臂梁，一般則多指懸臂的結構整體。

連接懸臂前端的梁是小梁，而非懸臂梁。從大梁向外架設的梁也非懸臂梁，而是小梁。

懸臂梁是從柱直接伸出的梁，重量直接傳遞到柱。

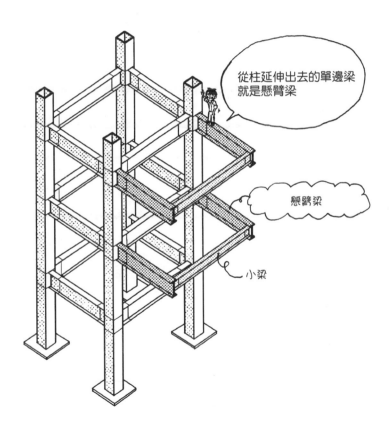

從柱延伸出去的單邊梁就是懸臂梁

懸臂梁

小梁

Q 懸臂的設計效果是什麼？

▼

A 重力從柱向外擴張，呈現輕快的效果、動態的動感效果、強調水平性的效果等，展現各式各樣的設計效果。

前述密斯設計的法恩沃斯宅，樓地板和屋頂板的端部都是懸臂。水平突出的開闊感，具有輕快的動態設計效果。

下圖右的設計沒有懸臂，端部只以柱支撐，形成彷如箱子的印象。雖然密斯追求藉由水平樓板夾住空間的設計，但為了強調它的水平面，使用了懸臂。

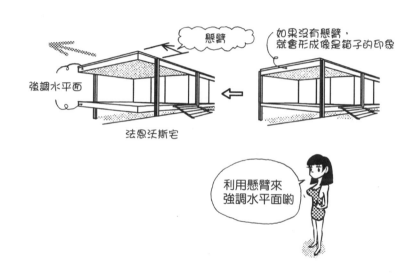

Q 採用懸臂時可以如何設計窗戶？

A 如下圖，可以設計成讓窗能圍繞著角隅。

在法恩沃斯宅中，前方入口處的對面就是室內，如下圖由玻璃圍繞起來。角隅部分做了懸臂，成為沒有柱的開放空間。

以玻璃來構成角隅是近代建築師經常採用的設計手法，作為對以牆圍起的密閉空間的反動而廣泛使用。即使不是整面玻璃，也可能如柯比意的作品，設計成沒有柱干擾的水平長條窗（ribbon window）。

在設計初學者的圖面中，立面圖上經常可見普通窗戶並排設置的設計，光是將這些窗納入平面圖就耗盡心力，沒有餘力考量窗的形態。在這種情況下，若將柱從外牆向內移 1m 左右，就可以自由設計窗的形式了，請務必試試看。

利用玻璃構成角隅，可呈現開放感

懸臂

如果沒有懸臂，角隅就是柱

再稍微開放一點會更好

Q 外推窗和水平長條窗是什麼？

▼

A 如下圖，外推窗（outward opening window）是可以向外「砰」一聲打開的小型窗；水平長條窗是橫向連續長窗。

外推窗和水平長條窗是如字面所示的窗戶型態。外推窗只是在牆壁上留設孔洞開窗，設計很簡單。而比跨距還長的水平長條窗，柱的設計像下圖一樣，從外牆往內側移，讓樓板、牆壁可以用懸臂支撐。

在近代建築史上，不會被柱阻斷的窗＝水平長條窗，其重要性在柯比意的「新建築五點」（Five Points of a New Architecture）中也有提及。將牆從結構中解放出來，實現水平長條窗、自由立面（free façade），就是框架結構＋懸臂。

柯比意等人設計的創新建築物，對抗以石牆或磚牆支撐、樓板架設木梁等方式來建造的傳統建築物。他們藉由框架結構讓柱遠離牆壁，以增強其主張的說服力。

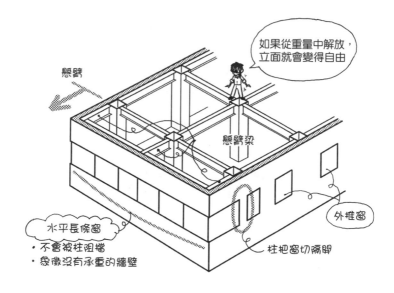

如果從重量中解放，立面就會變得自由

懸臂

懸臂梁

外推窗

水平長條窗
・不會被柱阻擋
・象徵沒有承重的牆壁

柱把窗切隔開

Q 在形狀不工整的土地上該如何使用懸臂？

A 如下圖，主要結構以工整的形狀進行組立，只有不工整的部分以懸臂處理等方法。

🔲 鋼骨柱梁的接合部（仕口），不像RC造那麼自由，會盡可能以直角方式收納柱梁。因此，如果柱梁傾斜成微妙的角度或部分樓板伸出去，常使用懸臂來收納。

此外，只有一樓往內縮，像這樣斷面微妙伸出去或縮進來，也會使用懸臂。一樓入口處或停車處的部分如果向內縮，會把造成阻礙的柱往內部放置，上層的部分懸臂伸出。

Q 利用免洗筷與橡皮筋做成正方形和三角形，哪一種形狀比較不容易崩壞？
▼
A 三角形。

如果壓正方形的一角，它馬上會像下圖左一樣變成平行四邊形，而且從正方形的面來看，頂點會產生橫向扭曲的現象。

下圖右的三角形則形狀不容易崩壞，面也不會產生扭曲。三角形這種不易崩壞的性質，常用於建物的各個部分。木造在來構法的斜撐也是一例。

三角形是桁架的基本要素。另一方面，讓長方形各接合部確實保持直角的方法，基本上就是框架構法。大體而言，三角形就是桁架，長方形就是框架。

　　三角形→桁架
　　長方形→框架

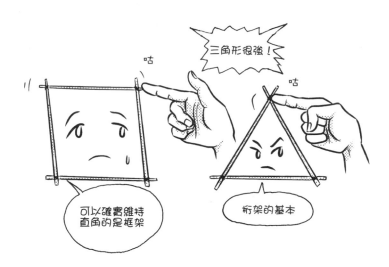

Q 用四根免洗筷做成正方形，另外用一根長免洗筷固定在對角線上。若從旁邊壓下去的話，正方形會崩壞嗎？

▼

A 不容易崩壞。

正方形不會崩壞成平行四邊形。斜放的免洗筷時而受壓，時而受拉，可以防止正方形變形為平行四邊形。這個斜放的免洗筷就是斜撐。

在這種情況下，斜撐可以承受壓力（壓縮）及拉力（張力）作用。斜撐承受壓力時，與斜撐連接的接合部（節點）會出現反向壓力撐住結構（下圖右）。而斜撐承受拉力時，接合部（節點）會出現反向拉力撐住結構（下圖左）。

在繪製力的方向時，必須清楚區分出是作用在斜撐上的力，還是作用在接合部的力，因為兩者的方向是相反的。如果以平行四邊形的變形來考量，很快就知道是哪種力在作用。此外，加入斜撐的正方形雖然不容易崩壞變形成平行四邊形，但橫向容易扭曲變形，也就是正方形的面可能崩壞。

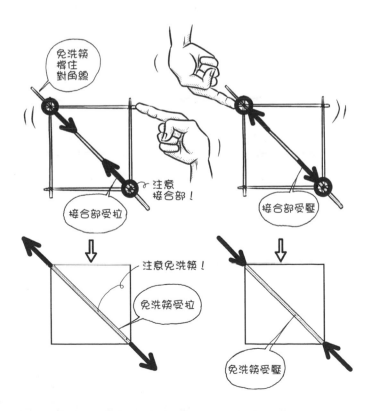

4

桁架與懸吊結構

Q 在用免洗筷所做成的正方形的對角線上，以線相連結。若從旁邊壓下去的話，正方形會崩壞嗎？

▼

A 力若是作用在線的受拉方向，不會崩壞；若是作用在線的受壓方向，則會崩壞。

線可以抵抗拉力，但無法抵抗壓力。即使做出三角形，材料本身是否具抵抗力才是問題所在。

依據斜撐放入的地方，可以分為使用只能抵抗拉力的細鋼筋，以及使用能夠抵抗拉力和壓力兩者的粗鋼筋。

Q 在用免洗筷所做成的正方形的兩個對角線上，分別繫上線形成交叉狀。
　若從旁邊壓下去的話，正方形會崩壞嗎？

▼

A 不會。

　線可以承受拉力，如果結成交叉狀，不管從哪一邊受力，都能抵抗拉力。承受拉力的情況大略以變形的平行四邊形來考量，也就是對角線伸長的那一側，就很容易了解。

預鑄（prefab）的輕鋼架，一般都將鋼筋做成交叉狀來形成斜撐。

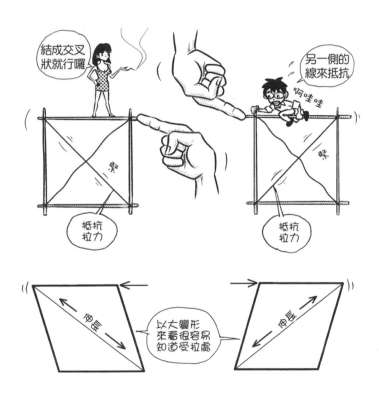

Q 用七根免洗筷與橡皮筋能做出哪種形狀的桁架？

▼

A 如下圖的桁架。

桁架是將線材組合為三角形而成的結構體，常用於鋼橋和體育館的梁等。使用較輕的細線材，可以架設出大跨距。每一根材料都很細，但組成桁架卻變成很堅固的結構，是很不可思議的結構體。

以下圖的免洗筷為例，在三角形側向施加力時，形狀不會崩壞，但以三角形的面來看，雖然沒有施加扭力，卻會產生扭曲。對於這個橫向扭曲，必須有相應的對策。

一處接合部分有四根免洗筷相連結，讓結構變得複雜，等於有四根筷子的厚度存在。在實務上，桁架的接合部分如何銜接也是重要的課題。市售有收納線材的圓球型接頭現成品（參見R053）。

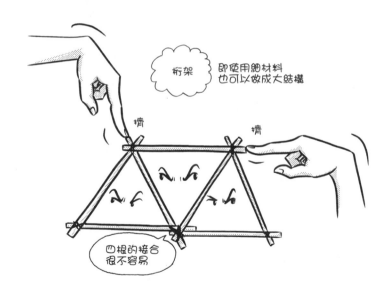

Q 鉸接是什麼？

▼

A 指滾支承（roller support）、鉸支承（pin support），不會傳遞彎曲力量（彎矩）的節點（node）。

鉸接（pin）也可稱為hinge。構材之間的接合部、關節部分稱為節點，而從地面支撐結構體整體的點稱為支點（support）。鉸支承可作為節點和支點。節點的鉸接也稱為滾支承，支點的鉸接稱為鉸支承。

滾支承＝pin、hinge
鉸支承＝pin、hinge

桁架是以鉸接作為構材接合的前提，進行結構計算。結構力學中最早出現的桁架計算，就是假設各接合點（節點）為鉸接來解題。

實務上很難有完美的鉸接接合，接合部幾乎都是不會轉動的。至於為什麼要以鉸接來計算，是為了讓計算單純化。

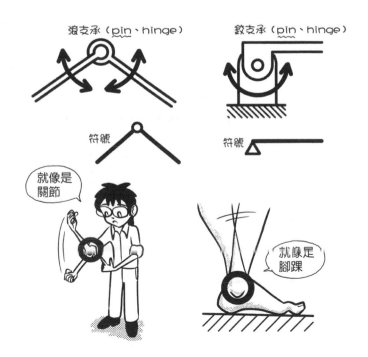

Q 若從上方對正三角形的桁架頂點施加 l tf 的外力，左右構材的應力為何？

▼

A 上方的節點受力時，兩側會產生 √3/3tf 的壓力。

所謂 l tf（ton force，噸力），是指質量 l t（噸）的物體所承受的重力大小。正確地說，l t 是質量的單位，不是力的單位，因此加上代表力（force）的 f 符號。

要解桁架，基本上要將各節點想成可以旋轉的鉸接，並考量各節點的平衡。將節點的鉸接視為一個獨立的球體，再考慮施加其上的力如何平衡。

從上方對球體施加 l tf 的力，其他施加的力只會從右邊傾斜 60 度角的構材，以及從左邊同樣傾斜 60 度角的構材而來，其合力會等於 0，因此各自產生 √3/3tf 的向上力。

球體承受來自構材的壓力，所以反之球體也向構材施加壓力。換言之，構材側會產生壓縮應力。

只看球體的壓縮向量（vector），很容易誤判為拉力。如果先解節點的平衡再思考構材的受力，箭頭的方向必須相反。基本上，要先考量各節點的平衡，當然其他還有許多桁架的解法。

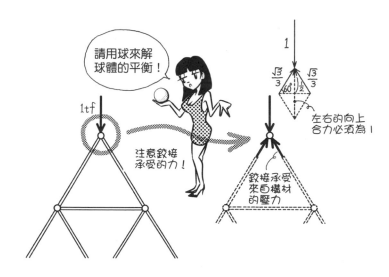

Q 若從上方對三角形的桁架頂點施加重量，底邊構材承受的是壓力還是拉力？

▼

A 拉力。

三角形的上方承受重量時，兩側邊承受向外開的力。就像人的兩隻腳分別站在滑板上一樣，變得雙腳無法閉合。

為了輕鬆地避免這種情況，只要在兩腳之間綁上繩索等，讓雙腳不要過度張開即可。而三角形桁架的底邊，就是擔任繩索的角色。

在古代砌體結構的拱等處，有時會在底邊加入鐵棒。這個棒稱為**繫梁**（tie beam，緊縮梁）或**繫條**（tie bar，緊縮棒），作用和三角形桁架的底邊相同，是為了防止拱開裂。

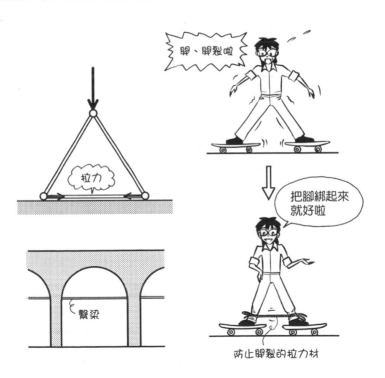

Q 張弦梁是什麼？

▼

A 以不同的構材製作拉力材和壓縮材，在中央附近彎曲應力較大的地方，做成由下向上壓的結構，形成弓形的梁。

如果兩端以鉸接支撐，兩端的彎矩為0，中央彎矩最大，形成二次函數曲線。彎矩圖描繪在彎曲側。

鋼橋等有時做成彎矩圖反過來的樣子，這是因為「抵抗彎曲→梁高變厚→彎矩圖反過來的樣子的鋼橋」。

從中央下方向上壓，可以有效抵抗彎曲。在中央設置壓力短柱，就能從兩側以鋼索等產生拉力。整體形狀就像弓和弦一樣。

這是將構材組合起來做成梁的方法之一。如果兩端不是鉸接，就不能使用張弦梁（beam string）。這種梁用以支撐大空間，看起來輪廓鮮明，所以廣受採用。

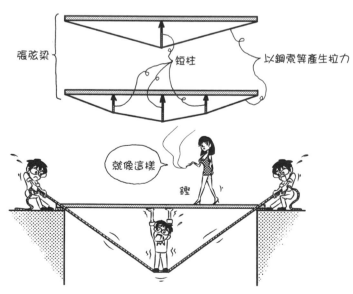

Q 支撐大玻璃面的柱（豎框），可以使用桁架等拉力結構嗎？

▼

A 可以。

大玻璃面承受風力，所以必須有豎框。如果用冷硬的Ｈ型鋼來支撐透明
玻璃，視野會被阻礙，所以應該盡量使用細的豎框，在視覺設計上比較
不容易察覺。

雖然玻璃常拿來作為豎框，不過也經常使用像是將前述張弦梁縱向放置
的桁架豎框。如果使用桁架，各構材就可以比較細。

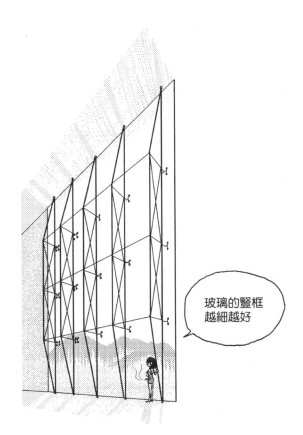

玻璃的豎框
越細越好

Q 單向框架是什麼？

▼

A 如下圖，門型框架並排的結構。

組成門型的框架，將之一字排開。x方向為門型，y方向為連續的細梁。

x方向門型側的橫向接合為剛接（rigid joint），y方向為鉸接。鉸接側因為自身無法維持直角，所以加入斜撐等。

因為只有x方向是框架，所以稱為單向框架。如果xy方向都是框架，就稱為**雙向框架**，一般都是這種形式。

H型鋼的柱，依其抵抗彎曲的能力，分為較強的方向（強軸，strong axis）和較弱的方向（弱軸，weak axis）。以H型鋼來製作柱時，較強的一側為門型框架，是單向框架的一種。較弱的一側加入斜撐，以抵抗彎曲。

單向框架常用在工廠或倉庫等只需要架設屋頂的建物，這時在窗戶加上斜撐也沒有關係。

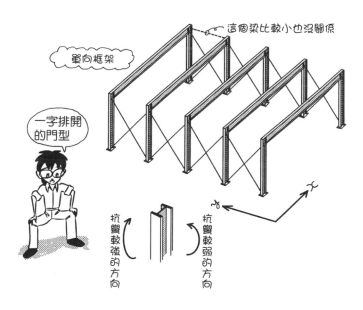

這個梁比較小也沒關係

單向框架

一字排開的門型

抗彎較強的方向

抗彎較弱的方向

Q 三鉸框架是什麼？

▼

A 如下圖，有三處鉸接的門型框架。

柱腳（pedestal）為鉸接，梁中央也是鉸接，柱梁接合部則為剛接的門型框架，稱為三鉸框架（three-hinge rahmen）。剛接是在載重變化時，構材交角始終維持不變的接合法，在框架結構中是常見的接合方式。

不管是pin或hinge，都是可以旋轉的接合。雖然兩者意思相同，但hinge有時是指支撐門的旋轉部分的金屬零件、吊扣（鉸鍊）。鉸接可以旋轉，因此不會傳遞彎曲的力量＝彎矩。而由於鉸接附近的構材不會產生彎矩，可以使用比較細的構材。有時柱腳和梁中央的構材也會較細。

另外，也可能將梁傾斜，做成人字形屋頂（gabled roof，山形屋頂）。工廠、倉庫等以單向框架組合而成的情況，為了縮小構材斷面，會使用三鉸框架。

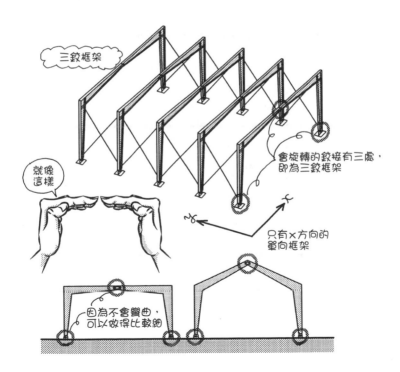

Q 桁架的鉸接接合部有哪些形式？

▼

A 如下圖，有銲接接合、在鋼板上銲接螺栓接合、嵌入現成品之類的球體
（球型接頭）等。

🔷 雖然習慣上都以鉸接作為桁架解題假設，但正確地說，實際的接合部並
非鉸接。會彎曲僅代表不是剛接，並不能自由地旋轉。在由角度複雜的
構材所構成的桁架接合部中，如果全部可以旋轉，結構會變得太複雜。

因此，會把構材相互銲接，或構材與鋼板銲接再以螺栓接合。不過這樣
容易造成細部不平整，做外露式設計時得多花工夫。

若將接合部外露，球型是最適合的接合部形式，可以將構材的前端嵌入
裝設。構材和接合部兩者都有現成品。

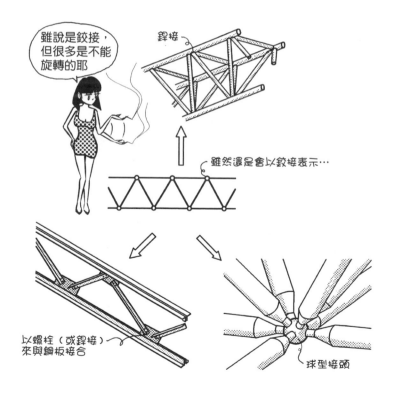

雖說是鉸接，
但很多是不能
旋轉的耶

銲接

雖然還是會以鉸接表示…

以螺栓（或銲接）
來與鋼板接合

球型接頭

Q 鉸接接合部可以兼具設計感嗎？

▼

A 只要在細節上下工夫，可以直接顯露在外。

下圖是龐畢度中心（參見 R026）的斜撐接合部。這是細部具有設計感的鉸接實例。如果能像這樣在細節上費心製作，鉸接的接合部就會顯得很有設計感。

人類或動物的骨骼關節，其實就是鉸接。經過設計的鉸接，常用於表現如生物或機器人的關節。

一般的鉸接細部設計，看起來都不具設計感。

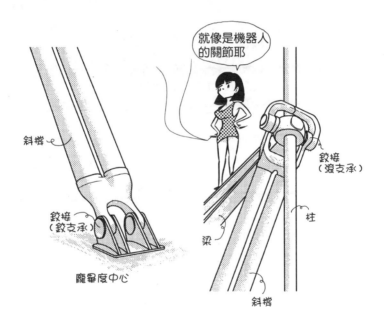

Q 立體桁架是什麼？

▼

A 不是像梁一樣只有單向的連續三角形，而是也往橫向、上下方向展開的桁架。

若以桁架為梁，多半是只有單向的連續三角形組成桁架。立體桁架（space truss）則是在這個梁的三角形往橫向和上下方向也展開的立體結構，亦稱**空間桁架**。有時屋頂面整體都只以桁架構成。

以下圖為例，以正方形上方連接三角形的金字塔型桁架為基礎，再加以展開。在平面圖上，可以看到上方的正方形網格和下方的正方形網格。如果屋頂做成立體桁架，經常使用這種金字塔型的型態。

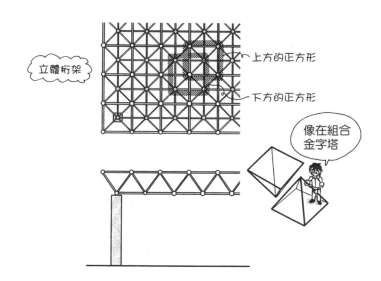

立體桁架

上方的正方形

下方的正方形

像在組合金字塔

Q 屋頂使用的立體桁架的深度是跨距的幾分之一？

▼

A 約 1/20。

雖然依屋頂的重量、構材的粗細或長度，以及支撐方式不同而異，但大致上是跨距的約 1/20 的深度（高度）。如果是用 H 型鋼等架設，必須是跨距的 1/14 左右，因此立體桁架的深度可以壓得很低。

與只架設梁的情況相比，立體桁架也能有效壓低深度，而且可以使用較細的構材。因為是輕的構材，在結構上和成本上都有利。

Q 柱可以用桁架來製作嗎？

▼

A 可以。

 就像將構材組合成三角形來製作梁或屋頂板一樣，也可以用桁架來製作垂直材的柱。下圖是大阪世界博覽會（1970年）的祭典廣場（丹下健三等）。像是把太陽塔包圍住一樣，以桁架架設巨大屋頂，而這個屋頂同樣用桁架製成的柱來支撐。

正確地說，是用桁架圍起中央粗圓柱的周圍，以這兩者來支撐重量和水平力。

1960～70年代，這種將桁架的結構美外露的設計曾風行一時。現在如果不經考慮就使用桁架的話，會給人過時的印象，就是源於這樣的歷史因素。在新設計中使用桁架時，必須考量單純的桁架結構以外的要素。

Q 牆可以用桁架來製作嗎？

▼

A 可以。

諾曼・佛斯特（Norman Foster, 1935- ）設計的桑斯伯里視覺藝術中心（Sainsbury Centre for Visual Arts，1978年），牆和屋頂是以門型桁架組成，並橫向展開。

建物整體以立體桁架建造，桁架的厚度可做為設備配管、廁所等空間。正面的門型內部是整面玻璃，側面的牆上在幾個地方設有窗戶，強調出門型桁架的結構。

立體桁架所構成的U字形隧道狀空間，也常用於工廠或飛機庫等。由於側面的開口被限制住，一般來説是不容易使用的結構空間。

雖然佛斯特曾師事富勒（Buckminster Fuller, 1895-1983），但將桁架等的結構系統擴展至製作空間結構的，卻是佛斯特。

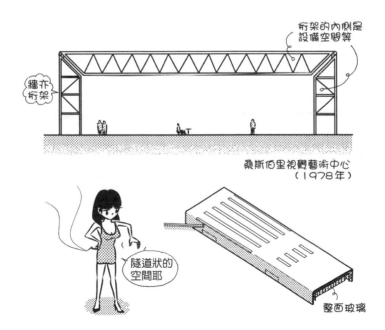

桁架的內側是設備空間等

牆亦桁架

桑斯伯里視覺藝術中心（1978年）

隧道狀的空間耶

整面玻璃

Q 桁架可以做成拱或球形嗎？

▼

A 可以。

拱（arch）是堆積石頭而成的砌體結構所發展出的結構形式。將石頭堆積成圓弧狀，就可以在牆上開孔洞，因為相鄰石頭之間只有壓縮力在作用。將拱向內部方向發展，就形成**拱頂**（vault）。以拱為中心軸繞轉，則形成**圓頂**（dome）。拱、拱頂、圓頂等結構的建造課題，都是如何利用砌體結構將空間包覆起來，這些結構在古羅馬廣為盛行。拱頂、圓頂等藉由曲面來強化面的方法，稱為**殼體結構**（shell structure）。若是RC造殼體結構，一般是以板來製作；但若是S造，一般是以桁架製作。

拱、拱頂、圓頂也可以用三角形等組合而成的桁架來製作。富勒所設計的以正三角形、正六角形組合而成的測地線拱頂（geodesic dome），便是著名的球形立體桁架。

geodesic 是「測地線」之意，而「測地線拱頂」一詞是富勒所命名的。蒙特婁世界博覽會美國館（1967年）是著名的測地線拱頂建築。

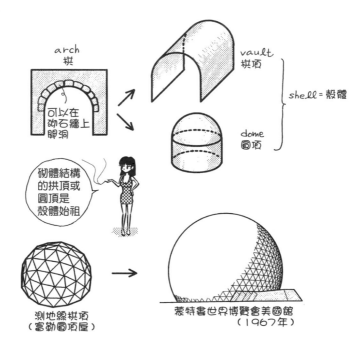

arch
拱

可以在砌石牆上開洞

vault
拱頂

shell = 殼體

dome
圓頂

砌體結構的拱頂或圓頂是殼體始祖

測地線拱頂
（富勒圓頂屋）

蒙特婁世界博覽會美國館
（1967年）

Q 桁架可以做出自由曲線或自由曲面嗎？

A 可以。

就像梁可以做出曲線一樣，桁架也可以做出圓弧等曲線。而立體桁架可以做出球或自由曲面。只要組合形狀和大小不同的三角形，就可以做出來。自由曲面也是殼體結構的一種，這種結構藉由彎曲保持面的強度。

皮亞諾（參見R026）設計的關西國際機場航站大廈（1994年），梁為反轉曲線，覆蓋空間整體。此外，空調的出風導引板同樣做成曲面，創造出動態的空間。

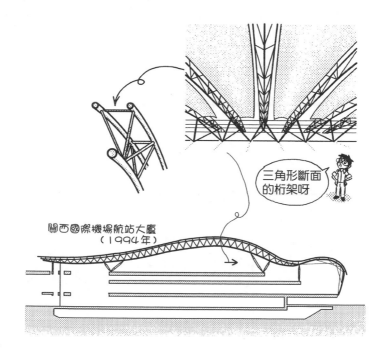

三角形斷面的桁架呀

關西國際機場航站大廈
（1994年）

Q 可以利用桁架或殼體來建造高層建築嗎？

▼

A 可以。

下圖的瑞士再保險公司大樓（Swiss Re Tower）就是一個實例。佛斯特（參見R058）設計的瑞士再保險公司大樓（2004年，倫敦），是形如直立子彈的辦公大樓。螺旋狀捲起的結構上有重疊的網眼形狀，加上水平材穿過，組合形成三角形。這棟建築可以說是殼體結構，也可以說是桁架的一種。

外側由網眼的結構支撐，內側放入圓筒形的芯核，相互以梁連結，支撐地板。網眼縱向的粗線是圓形鋼管，橫向的細線是H型鋼等所形成。縱向的結構材以白色包覆，橫向的結構材則以黑色包覆，強調整體的螺旋造型。

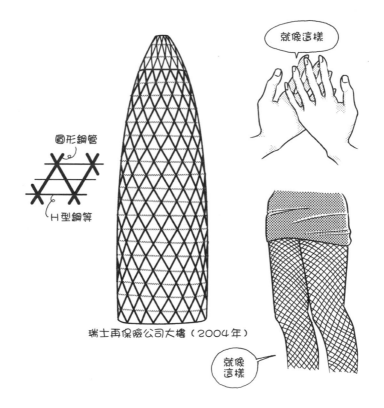

圓形鋼管

H型鋼等

瑞士再保險公司大樓（2004年）

就像這樣

就像這樣

Q 像帳篷一樣把柱立起來的是什麼結構？

▼

A 懸吊結構（suspension structure）。

🟦 主要是依靠張力，所以也稱為張力結構（tensile structure）。帳篷就是懸吊結構的典型例子，柱作為壓縮材，繩索則是拉力材。如果沒有立柱或立竿，無法建造建物，因為只有懸吊是無法包覆出空間的。

柱若是斜放也沒有關係。有時為了結構的安定，會故意把柱做成斜放。

帳篷以懸吊作為支撐，但帳篷材就像膜一樣，所以又稱為膜結構（membrane structure）。東京巨蛋（竹中工務店・日建設計，1988年）就是以空氣的壓力作為膜支撐的膜結構。

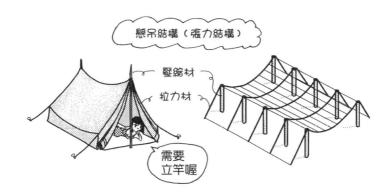

Q 懸垂曲線是什麼？

A 將重量均分在繩索上，懸吊時所形成的曲線。

拿著珍珠項鍊的兩端懸吊起來，就可以做出懸垂曲線（catenary curve，亦稱懸鏈曲線）。此時線只會產生張力作用。

如果將懸垂曲線反轉，就變成拱。由懸垂曲線反轉形成的拱，若將重量均分由上向下施加，拱的接線方向只會產生壓縮力，與懸吊的情況剛好相反。這個曲線因高第的使用而聞名。

丹下健三設計的國立代代木競技場（1964年）的屋頂，從塔懸吊出來的主鋼索上再懸吊出的東西，就是懸垂曲線。為了避免讓曲線看起來鬆垮垮，曲線彎曲程度做得比懸垂曲線更陡。另外也別忘了結構專家坪井善勝（1907-1990）在國立代代木競技場這座建物中的功績喔。

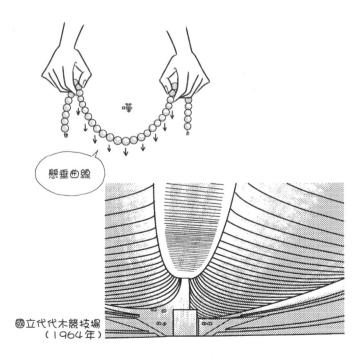

嘩

懸垂曲線

國立代代木競技場
（1964年）

Q 建物中經常局部使用懸吊結構的地方是哪裡？

▼

A 常使用在屋簷。

與框架結構等結構相比，懸吊結構是較特殊的結構形式，一般建物中幾乎不見這種結構。然而，懸吊結構常局部使用來支撐突出的屋簷部分。

如果只以懸臂作為大屋簷的支撐，梁會變得太大，此時就可以考慮使用懸吊結構。競技場的大屋頂等規模很大，但同樣可以使用懸吊結構。

小規模懸吊結構　　　大規模懸吊結構

比較大的結構
多考慮使用懸吊

比如這種
屋簷

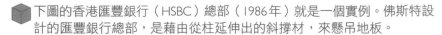

Q 可以利用懸吊結構來建造高層建築嗎？

▼

A 可以。

下圖的香港匯豐銀行（HSBC）總部（1986年）就是一個實例。佛斯特設計的匯豐銀行總部，是藉由從柱延伸出的斜撐材，來懸吊地板。

離柱較遠部分的地板以懸吊作為支撐。基本上，柱用以支撐各樓層的重量，但梁中央部、懸臂梁端部則以懸吊支撐，是廣義的懸吊結構。

在匯豐銀行總部中，四根組合而成的柱和斜撐材、以玻璃包覆直至底層架空（pilotis）的天花板的外裝、中央的挑高空間、斜架在挑高空間中的手扶梯、作為骨架的電梯和其電子機械部分、隨著太陽光移動的反射板照射到挑高空間上方的反射板、內部充滿光線的設計等，可謂當時劃時代的設計。

而後所謂高科技、尖端技術等樣式名稱相繼出現。多年後的今天，雖然這棟建物被淹沒在周圍林立的高層建築中，但其一貫的設計和挑高空間的嶄新感，仍力壓其他建築，每每讓造訪者感動不已。

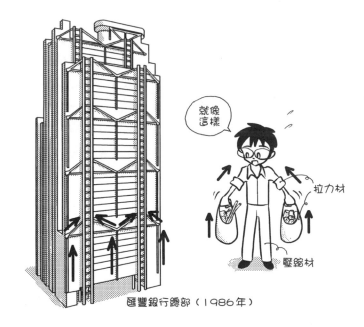

就像這樣

拉力材

壓縮材

匯豐銀行總部（1986年）

Q 工廠、倉庫等朝平面方向擴張的建物可以用懸吊結構來建造嗎？

A 可以。

和前一篇一樣，佛斯特設計的雷諾汽車配銷中心（Renault Distribution Centre，1982年）是以懸吊結構建造的建物。懸吊結構經常用在體育館或展示場等，雷諾汽車配銷中心是這種結構也能用在倉庫（配銷中心）的實例。

柱立在正方形網格上，再從柱上懸吊梁。梁離柱越遠就越細，表現出結構的合理性。此外，腹板上開了許多圓形孔洞，藉以實現輕量化。

柱與梁的接合部也是以懸吊來維持直角。結構體塗成黃色，成為表現的主體。

工廠或倉庫常是大跨距的無柱空間，而這棟建物的設計與眾不同。就筆者實際造訪所見，這樣多柱且屋頂形狀複雜的配銷中心，使用便利性和雨遮性仍有待考量。

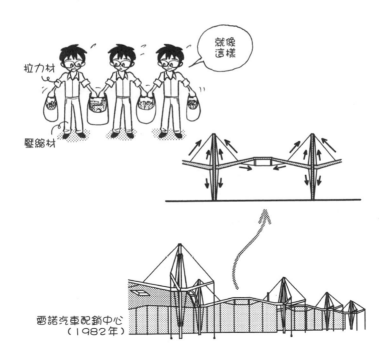

就像這樣

拉力材

壓縮材

雷諾汽車配銷中心
（1982年）

Q 應力是什麼？

▼

A 物體因應來自外部的力而在內部產生的作用力。

■ 如果手指對橡皮擦施力，橡皮擦會縮短。這個手指的力是從外部施加的力，也就是外力（external force）。在建築中，外力是指荷重、反力（reaction force）等。

如下圖圖解，將橡皮擦切出一小塊薄片來思考。這塊切下的薄片也縮小，所以必定有受壓。雖然手指沒有直接接觸到薄片，但它承受了上下兩側橡皮擦施加的力。如果沒有受力，橡皮擦不會縮小。作用在這塊薄片上的橡皮擦內部的力，就稱為**內力**（internal force）。由於是因應外力而產生的力，也稱為應力。

現在將橡皮擦一分為二，只考慮下半部分。就像要抵抗手指向上壓的力一樣，反向必定有力在作用。如果沒有與之抵抗的力，橡皮擦會向上彈出去。因為橡皮擦實際上沒有動，所以必定有與手指的力平衡的抵抗力在作用。這個力就是內力＝應力。應力也可以說是為了抵抗外力而產生的力。

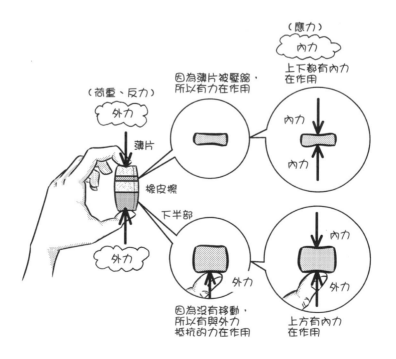

Q 應力度是什麼？

▼

A 每單位面積的應力。

人口密度是人口÷面積，即每單位面積的人口。「度」一般是表示比值，人口密度的「度」是人口與面積的比值，有每單位面積之意。日本人口為1億，美國是2億人，但美國幅員廣闊，因此每1人擁有的面積也較廣。若要比較寬敞程度，就必須除以面積。

應力度（intensity of stress）是應力÷面積，即每單位面積的應力。應力度的「度」和人口密度的「度」一樣，有每單位面積之意。若要比較材料的承受應力程度，就必須除以斷面積。

即使同樣是100gf的力在作用，作用於1cm²的面與作用於4cm²的面，效果截然不同。斷面積不同時，也能比較應力度（平衡、應力、應力度的說明，詳見拙作《漫畫結構力學入門》）。

人口密度 $= \dfrac{2人}{1m^2} = 2人/m^2$

人口密度 $= \dfrac{2人}{4m^2} = 0.5人/m^2$

應力 100gf（重量100g的意思）

1cm² 斷面積

應力度 $= \dfrac{100gf}{1cm^2} = 100gf/cm^2$

應力 100gf

4cm² 斷面積

應力度 $= \dfrac{100gf}{4cm^2} = 25gf/cm^2$

5 鋼材

Q N（牛頓）是什麼？

▼

A 使質量 1kg 的物體產生 1m/s² 的加速所需的力的大小。

力的大小以質量 × 加速度來計算。這個數式即稱為**運動方程式**。

運動方程式：力＝質量 × 加速度（F＝ma）

這個以 kg × m/s² 表示的力的單位就是 N（牛頓），也是牛頓的定義。以運動方程式來記牛頓的定義最方便。

牛頓的定義：N＝kg・m/s²

Q 1N是多少kgf？

▼

A 1N＝約0.1kgf＝100gf，所以1N約100g的重量。

 質量的單位為kg或g，重量的單位為kgf（千克力、公斤力＝kg重）、gf（公克力＝g重）。1kg質量的物體所受的地球引力即1kgf（1kg重）。

質量是物體不會改變的量，即使到了月球，質量也不變。另一方面，重量受引力影響，在月球上重量會減少。

0.1kgf是0.1kg的物體在地球上所受的引力、重力的力、重量。因為地球的重力加速度是9.8m/s^2，1kg質量的引力大小為

　　　1kgf＝質量×重力加速度＝1kg×9.8m/s^2＝9.8kg・m/s^2＝9.8N

所以1kgf＝9.8N。因此，1N＝1/9.8kgf≒0.1kgf。

1N是0.1kg＝100g的物體所受的重力大小。100g大約是一顆小蘋果的重量。「1N是一顆蘋果的重量」。體重60kgf的人，記住自己的體重是600N即可。

　　　1N→一顆蘋果的重量
　　　1kgf＝9.8N，1N＝1/9.8kgf

Q 彈性是什麼？

▼

A 應力（stress）與應變（strain）呈比例關係，除去力之後恢復原狀的性質。

 除去力之後恢復原狀的性質，稱為彈性（elasticity）。若將力與變形的關係畫成曲線圖，會得到通過原點的傾斜直線。

形成通過原點的直線，表示力與變形呈比例關係。施加2倍的力會產生2倍的伸長量（縮短量），施加3倍的力產生3倍的伸長量（縮短量）。把力去除便恢復原狀。

除去力之後恢復原狀，表示伸長縮短與力呈比例關係，這就稱為彈性。許多材料在力作用的開始階段都有這樣的彈性狀態，鋼是其中之一。

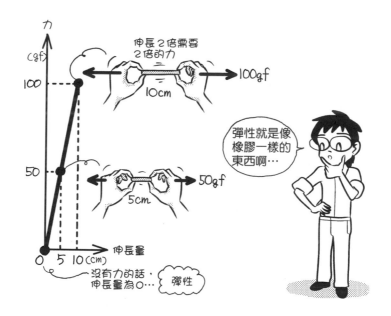

Q 以應力為縱軸、應變為橫軸的直線斜率是什麼？

▼

A 彈性模數（elastic modulus）。

當鋼漸漸被拉長延伸時，伸長了多少是以橫軸的應變（ε：epsilon）表示；內部產生多少的力、多大的抵抗，則以縱軸的應力（σ：sigma）表示。

橫軸的應變是表示伸長量與一開始的長度相較之比值。如果以應變為基準，不管是 lm 或 100m 的材料，都可以進行同樣的比較。

得出的直線斜率稱為彈性模數，通常以 E 表示。如果以數式來表示這條直線，可以利用國中學過的直線方程式 $y = mx$，置換 y、x、m，成為 $\sigma = E\varepsilon$。

彈性模數是由材料的種類所決定的係數。任何材料在變形的開始階段都是接近彈性的狀態，因此 $\sigma = E\varepsilon$ 的關係成立。

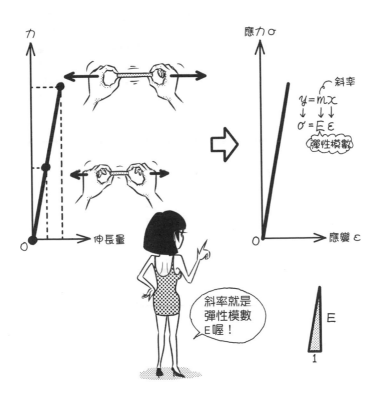

Q 彈性模數大代表容易變形還是不容易變形？

▼

A 不容易變形。

以應力（σ）為縱軸、應變（ε）為橫軸時，開始變形的直線斜率為彈性模數，寫成數式就是應力＝彈性模數 × 應變（$\sigma = E\varepsilon$）。

以應力＝彈性模數 × 應變的數式表示時，即使變形量（應變）相同，彈性模數若為10倍，力（應力）就變成10倍。要有相同伸長量，必須有10倍的力，因此彈性模數越大，代表越不容易變形。如果彈性模數為10倍，直線斜率也是10倍。

鋼的彈性模數是混凝土的10倍。與混凝土相比，鋼比較不容易變形，需要10倍的力才能產生相同的變形量。此外，若施加相同的力，鋼的變形量是混凝土的1/10。

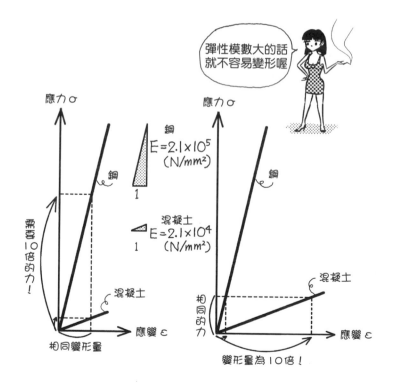

Q 塑性是什麼？

▼

A 即使除去力之後也不會恢復原狀、殘留變形的性質。

在彈性範圍內，除去力之後，變形會恢復原狀；但如果力越來越大，到了某個點之後，即使除去力也不會恢復原狀。殘留的變形稱為**永久應變**（permanent strain）、**永久變形**（permanent deformation）或**殘留應變**（residual strain）、**殘留變形**（residual deformation）。會產生永久應變的力學性質，就稱為塑性（plasticity）。

　彈性→塑性

同一個物體可以同時擁有彈性和塑性，這種性質稱為彈塑性（elasto-plasticity）。混凝土就有彈塑性的性質。鋼則會從彈性移轉為塑性。

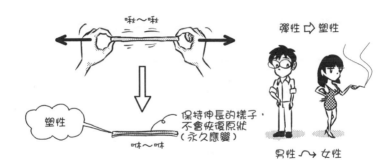

Q 降伏點是什麼？

▼

A 彈性結束的點。

2倍的力則伸長量2倍，3倍的力則伸長量3倍，如果慢慢將力增加，到了某個點之後就會保持伸長的樣子，無法恢復原狀。這時即使力沒有增加，在相同的力下也會慢慢伸長。

這個點就是降伏點（yield point）。有時是指這個點的應力，表示材料對力舉白旗投降的點。努力承受力的作用的材料，終於忍不住投降了。

正確地說，在應力沒有增加的情況下，只有應變增加的點，便稱為降伏點。如果到達降伏點，材料就無法恢復原狀。降伏點也可說是彈性的結束點。

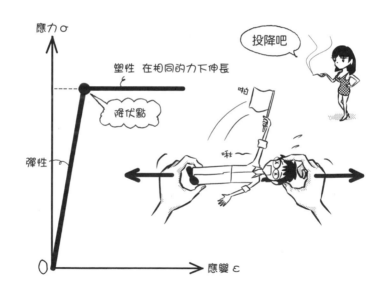

Q 上降伏點、下降伏點是什麼？

▼

A 如下圖，彈性結束點為上降伏點（upper yield point），而比此點的應力小、應變大的點為下降伏點（lower yield point）。

如果更正確地檢視彈性結束的降伏點，會發現那是稍微有點複雜的曲線。線先些微往下後，應變才大幅增加。

若是材料對力舉白旗投降，材料的應力立刻變弱。失去舉白旗的力量，會感覺抵抗的力也稍微變弱了，這時變形一口氣伸長增加。

Q 極限應力是什麼？

▼

A 材料拉力應力的最大值。

從下降伏點開始，應變一口氣增加，以為也許就這樣直到破壞，卻發現材料意外地頑強。從某個點開始，材料又會加以抵抗，不過這也是最後的抵抗、最後的努力。

應力從下降伏點之後開始增加，在某個時點應力為最大，到達力的頂端。這個應力的最大值稱為極限應力（ultimate stress）。從下降伏點到極限應力點之間的高度差，表示材料的柔韌度。

經過極限應力點的最大抵抗之後，應力變弱，在某個時點就會裂開，產生破斷。

截至目前談了許多關於拉力的議題，但以鋼材來説，拉力和壓力的情況幾乎相同。也就是説，極限應力的最大值可以是拉力，也可以是壓力。

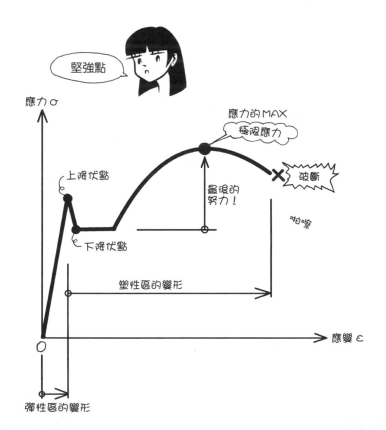

Q 韌性是什麼？

▼

A 材料的柔韌性質。

 材料的柔韌度稱為韌性（toughness）；反之，脆弱度稱為脆性（brittleness）。韌性和脆性是經常出現的詞彙，要好好記住。

彈性界限通過上降伏點，成為塑性狀態。經過一段在相同應力下的伸長變形後，慢慢出現抵抗的力，直到應力為最大，到達**極限應力**。而從下降伏點開始，進入柔韌狀態。

降伏點與極限應力點之間的差距越大，代表材料越柔韌，韌性越大，也可以說是塑性變形（plastic deformation）的性能較高。$\frac{上降伏點}{極限應力點}$ 為**降伏比**（yield ratio），是表示柔韌度、韌性的指標。

雖然彈性與塑性、韌性與脆性不是慣用的詞彙，在建築領域卻很常見，請牢記這些名詞。

　　變形與力：彈性⟷塑性
　　柔韌度　：韌性⟷脆性

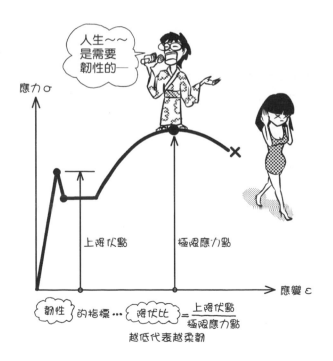

Q SN材是什麼？

▼

A steel new structure的縮寫，建築結構用壓延鋼材的JIS（Japanese Industrial Standards，日本工業標準）規格。

所謂壓延（rolling，即滾軋），是把熔化的鋼「壓」成長條狀或棒狀，再「延」成板狀等，做出H型鋼等長形鋼材。SN材是將向來作為土木、造船、機械用的SS材（steel structure，一般結構用材）、SM材（steel marine，銲接結構用材），改良為建築結構用的規格，是在塑性區的變形性能、銲接性能佳的鋼材。

雖然過去也會把SS材和SM材作為建築結構用材，但現在逐漸汰換為SN材。

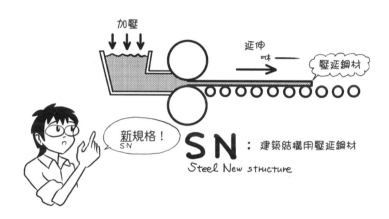

Q SN400、SN490的數字代表什麼意思？

▼

A 表示其極限應力保證有400N/mm²、490N/mm²。

SN400是該SN材的極限應力保證有400N/mm²之意。因此，該材料的極限應力至少有400N/mm²。在JIS規定中，這個數值是「表示極限應力的下限值」。下限值是指至少會有400N/mm²的值。

在應力應變曲線圖中，應力的最大值就是極限應力。SN400的曲線頂點為400N/mm²以上。

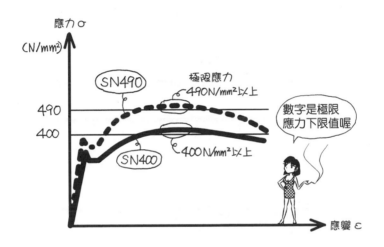

Q BCR、BCP、STKN是什麼？

▼

A 用SN材製成的冷滾軋成型（cold roll forming）角形鋼管、冷壓成型（cold press forming）角形鋼管、圓形鋼管的規格名。

BC是box column ＝箱型柱的縮寫，R是roll＝滾軋、P是press＝擠壓的縮寫。

鋼板不加熱而通過圓形滾輪，再壓成角形，便是冷滾軋成型；鋼板不加熱而直接壓成角形，稱為冷壓成型。接縫處為銲接。

ST是steel tube＝鋼管的縮寫，K是kouzou＝構造（日文讀音）、N是new＝新的縮寫。這種鋼材有各種不同的製法。

BCR235的235是表示降伏點的下限值，STKN400的400是表示極限應力的下限值。除此之外，鋼材還有許多不同的規格，總之先記下SN、BCR、BCP、STKN吧。

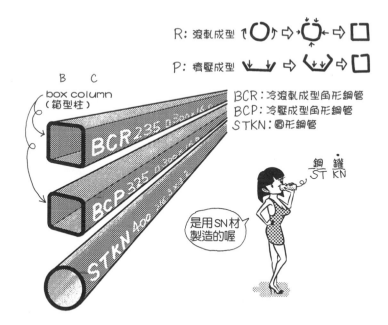

Q FR鋼是什麼？

▼

A 耐火鋼。

FR是 fire resistant steel 的縮寫，是可以抵抗火的耐火鋼。藉由加入**鉻**（chromium）、**鉬**（molybdenum）等金屬，提高耐火性能。普通鋼在350度時會達到降伏點的2/3，FR鋼則在600度時才會達到2/3。

通常S造要形成耐火結構，必須進行**耐火被覆**，但如果使用FR鋼，不僅不需要耐火被覆，還可以減少數量。

FR鋼廣泛使用於自走式立體停車場等結構物。

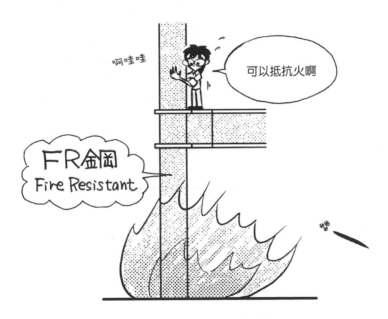

Q mill sheet是什麼？

▼

A 鋼材的檢查證明書（inspection certificate）。

mill的原意是磨粉廠、製造廠，這裡則是指製造鋼材的製鐵廠、鋼鐵廠。順帶一提，進行鋼材切割、銲接等加工的鐵工廠稱為fabricator，一起記下來吧。

製鐵廠→mill
鐵工廠→fabricator

sheet是紙，指檢查證明書。送來鐵工廠的鋼材，以此作為其規格性能的證明書。檢查鋼骨製品時，首先就是要檢視它的mill sheet。

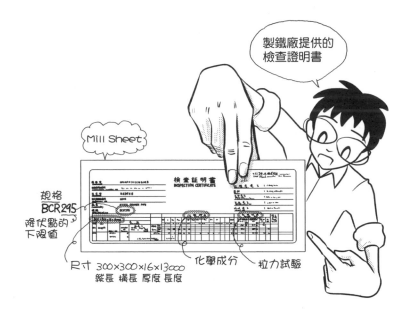

製鐵廠提供的檢查證明書

Mill Sheet

檢查証明書
INSPECTION CERTIFICATE

規格
BCR295

降伏點的
下限值

尺寸 300×300×16×13000
縱長 橫長 厚度 長度

化學成分　拉力試驗

Q 以鋼骨製作的框架結構，其柱和梁的鋼材是什麼？

A 一般來説，柱使用角形鋼管，梁使用Ｈ型鋼。

許多鋼材都可以用來製作框架結構，但一般來説，柱使用角形鋼管（方管），梁使用Ｈ型鋼（Ｈ鋼）。為了抵抗彎曲的力，這是合理的鋼材選擇。

柱→角形鋼管
梁→Ｈ型鋼

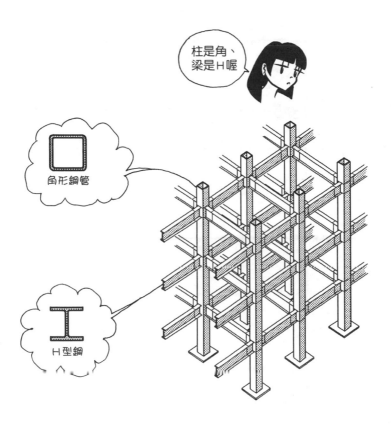

Q H型鋼、角形鋼管的尺寸表示法是什麼？
▼

A 如下圖，H-高度×寬度×腹板厚×翼板厚（mm），□-長邊×短邊×厚度。

💠 下圖是樓高約3.5m、跨距約7m的診所。H型鋼的部分，注意腹板厚是寫在翼板厚的前面。由於翼板是用以抵抗彎曲，所以比腹板厚。

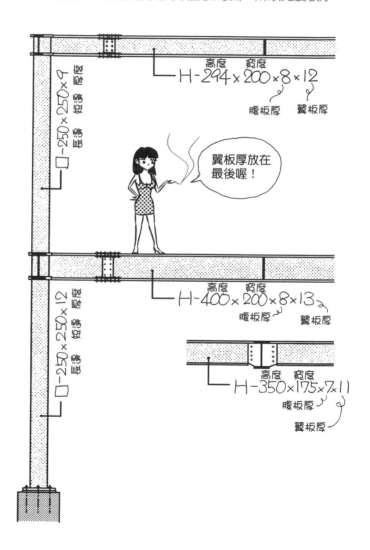

Q H型鋼與I型鋼的差別是什麼？

A 如下圖，I型鋼的翼板會朝腹板方向往內側傾斜，端部斷面呈圓弧狀。

建築結構材使用的是H型鋼，很少用I型鋼。I型鋼的翼板端部傾斜，斷面是圓弧狀。以螺栓鎖固翼板時，必須配合傾斜使用附傾斜角的墊圈。此外，尺寸相同時，I型鋼比H型鋼厚。

在建築中，呈傾斜狀也稱為**錐形**，英文是taper，有一端逐漸變細、一端逐漸變細的東西之意。I型鋼的翼板內側就呈錐形。

H型鋼根據彎曲方向不同而強度有別（參見R093、094）。由於有強軸和弱軸，在柱梁部分使用H型鋼時，必須注意設置的方向。若是使用於柱，要留意在弱軸側加入斜撐等。

H型鋼依據翼板的寬度，分為寬翼、中翼、窄翼三種規格。

Q 斷面二次矩（I）較大的H型鋼梁容易彎曲還是不容易彎曲？

▼

A 不容易彎曲。

斷面二次矩（I，second moment of area，亦稱面積二次矩、慣性矩）是由斷面形狀決定的係數，為材料是否容易彎曲的指標，在鋼材目錄中記為I_x、I_y。

目錄表中所寫的I_x，是以x軸為中心，計算斷面所對應的斷面二次矩；I_y則是以y軸為中心，計算斷面所對應的斷面二次矩。這些數值也是鋼材的選擇基準之一。

而彈性模數（E）是由材料種類決定是否容易變形的指標（參見R073）。

斷面二次矩（I）→由斷面形狀決定是否容易彎曲的係數
彈性模數（E）　→由材料種類決定是否容易變形的係數

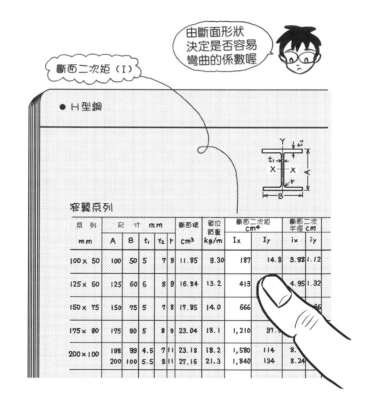

由斷面形狀決定是否容易彎曲的係數喔

斷面二次矩（I）

● H型鋼

窄翼系列

系 列 mm	尺　寸　mm					斷面積 cm³	單位 質量 kg/m	斷面二次矩 cm⁴		斷面二次 半徑 cm	
mm	A	B	t₁	t₂	r	cm³	kg/m	I_x	I_y	i_x	i_y
100× 50	100	50	5	7	8	11.85	9.30	187	14.8	3.98	1.12
125× 60	125	60	6	8	9	16.84	13.2	413		4.95	1.32
150× 75	150	75	5	7	8	17.85	14.0	666			
175× 90	175	90	5	8	9	23.04	18.1	1,210	97.		
200×100	198	99	4.5	7	11	23.18	18.2	1,580	114	8.	
	200	100	5.5	8	11	27.16	21.3	1,840	134	8.24	

Q 溝型鋼、山型鋼是什麼？

▼

A 如下圖，溝型斷面、山型斷面的鋼材。

 溝型鋼的英文是 channel，斷面為 ㄈ 字形。channel 有溝槽之意。

溝型鋼的翼板內側呈傾斜狀，以螺栓鎖固時要使用附傾斜角的墊圈，常作為斜撐、桁架等的輔助結構材。

山型鋼的斷面為山的形狀，有等邊、不等邊、不等邊不等厚等形式，亦稱**角鋼**（angle）、**L型鋼**等。angle 是角度之意，直角是 right angle。山型鋼廣泛作為斜撐、桁架和外裝材的支撐等輔助結構材使用。

溝型鋼的尺寸表示法為 [- 高度 × 寬度 × 腹板厚 × 翼板厚，山型鋼為 L - 高度 × 寬度 × 翼板厚。

　　溝型鋼→ channel
　　山型鋼→ angle

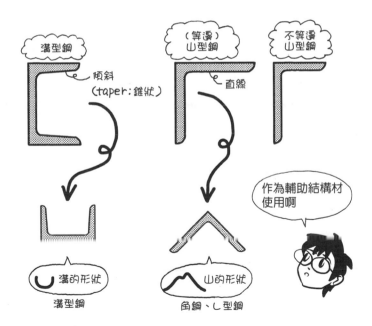

Q 溝型鋼與帶緣溝型鋼的差別是什麼？

A 如下圖，溝型鋼為壓延鋼材，厚度較厚；帶緣（lip）溝型鋼則是將鋼板彎曲為C型製成，是厚度較薄的輕量鋼。

帶緣溝型鋼是彎曲為C型製成，所以也稱為 **C channel**，或又稱 **C型鋼**。

之所以做成C型而非U型，是因為藉由彎折端部做成**肋**（rib）可以增加強度，也讓端部不容易折損。肋是指作為補強的骨架。

帶緣溝型鋼的帶緣部分，因端部彎折成的形狀像嘴唇（lip）而得名，或者說是由rib的音譯變化而來。帶緣Z型鋼的斷面形狀，就是附肋的Z形。

帶緣溝型鋼廣泛用於支撐牆的間柱、支撐屋頂的脊木，以及由兩根組合而成的柱等。

間柱專用的帶緣溝型鋼，有時會以比一般帶緣溝型鋼更薄的鋼板來做成同樣形狀的材料，如輕鋼架基礎的間柱。由於一般帶緣溝型鋼較重，內裝的壁基礎主要就是用間柱專用的帶緣溝型鋼。

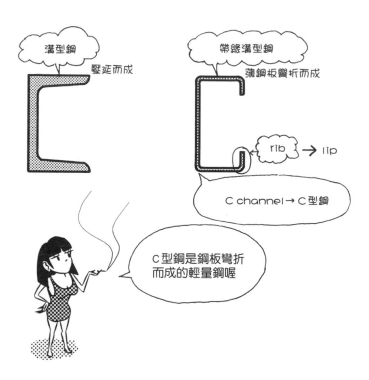

溝型鋼　壓延而成

帶緣溝型鋼　薄鋼板彎折而成

rib → lip

C channel → C型鋼

C型鋼是鋼板彎折而成的輕量鋼喔

Q CT型鋼是什麼？

▼

A cut T的縮寫，將H型鋼的腹板切割為二而成的型鋼。

將H型斷面如下圖般切割為二的T字形型鋼，作為斜撐、桁架等的輔助結構材使用。

不同於H型鋼為壓延製品，CT型鋼是加工製品，對壓延而成的鋼材進行加工而得。彎折鋼板銲接而成的角形鋼管、圓形鋼管等，也是加工製品。

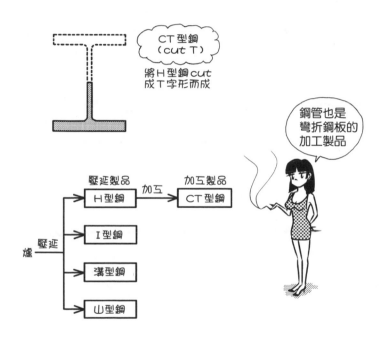

CT型鋼
（cut T）

將H型鋼cut
成T字形而成

鋼管也是
彎折鋼板的
加工製品

壓延製品　　加工　　加工製品
H型鋼　　　　　CT型鋼

爐　壓延
I型鋼

溝型鋼

山型鋼

Q 蜂巢H型梁是什麼？

▼

A 在H型鋼的腹板上開六角形孔洞的梁。

🔷 honeycomb是蜜蜂的巢。蜂巢是六角形組合而成的形狀，在建築中也有各種不同的應用方式。

在腹板上等間隔開六角形孔洞的梁，就是蜂巢H型梁。將H型鋼的腹板如下圖①般切割，錯開之後銲接。因此，在相同重量下，可以得到高度較高的梁。

另外也有開圓形孔洞的腹板，不過會造成去掉的圓形部分鋼材的浪費。在腹板開洞雖然有減輕重量等優點，但反之強度也會變弱，必須檢討結構。六角形的形式會在鋼板上留下斜面，是對強度有利的開洞方式。

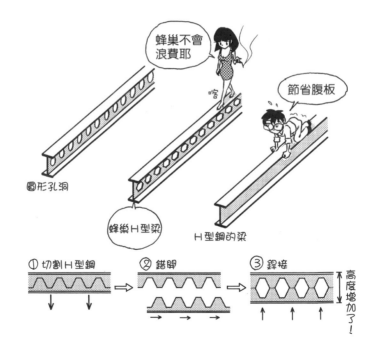

Q 作用在柱或梁突出側的彎曲力量是壓力還是拉力？

▼

A 突出側視為伸長，所以是拉力作用。

如下圖，將彎曲的構材的斷面放大來看，可以看出突出側為伸長，凹陷側為縮短。伸長代表構材受拉，縮短代表構材受壓。

　　突出側→伸長→拉力
　　凹陷側→縮短→壓力

中心軸不會伸長或縮短，從中心軸越往邊緣，伸長量、縮短量隨之增加。換言之，越往邊緣，作用的拉力和壓力越大。此外，越往邊緣，材料本身的變形也越大，因此邊緣對於拉力和壓力的抵抗跟著變大。

為了抵抗變形，最有效的方式是在邊緣放置與之抵抗的材料。由於邊緣的變形較大，在邊緣放置抵抗材，構材彎曲時需要更大的力才會變形。

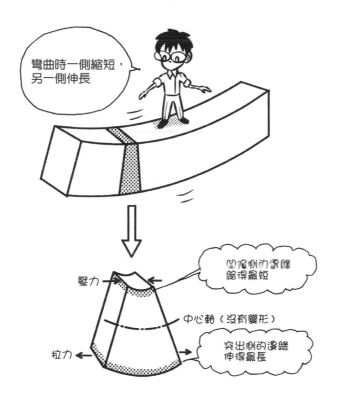

Q 梁使用H型鋼時，為什麼要在上下方配置翼板？
▼
A 因為翼板可以抵抗伸縮變形，對彎曲的抵抗力大。

距離材料中心軸越遠，伸長與縮短的量越大。在離中心軸最遠的邊緣部分加入抵抗材，是抵抗變形最有效的方式。

如圖所示，將翼板放在上下方的配置方式，讓翼板可以抵抗伸縮，梁整體較不容易彎曲。腹板則擔任連接翼板的角色，不太能抵抗彎曲。

如果旋轉90度縱向配置翼板，就會形成翼板各自從邊緣連接至中心軸的配置形式，各部分的變形變小，抵抗伸縮的能力也變弱，變得容易彎曲。小伸縮可以輕鬆因應，大伸縮就麻煩了。

梁的H型鋼之所以把翼板配置在上下，就是為了讓梁不容易彎曲。厚翼板和連接翼板的薄腹板所形成的H型斷面，是可以抵抗彎曲的合理設置選擇。

　　　上下邊緣配置翼板→抵抗大變形→不容易彎曲

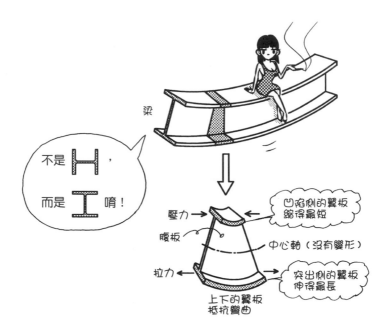

Q H型鋼的強軸、弱軸是什麼？

A 與翼板直交的彎曲軸為強軸，與腹板直交的彎曲軸為弱軸。

翼板可以抵抗彎曲的一側，由於抵抗力強，該彎曲軸就是強軸。梁在強軸方向的彎曲側使用H型鋼。

另一方面，翼板較無法抵抗彎曲的一側，該彎曲軸就是弱軸。梁在弱軸側也可能彎曲，必須有相應的對策。例如，在平面方向加上防止彎曲的橫向加勁板（transverse stiffener）等。如果是柱，就採取在弱軸側加入斜撐等對策。

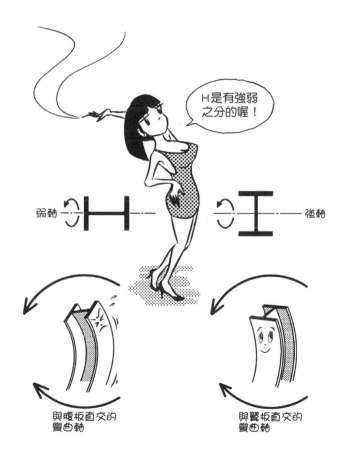

Q 只承受垂直荷重的框架結構的梁，會以何種方式彎曲？

A 中間部分向下突出，接近柱的地方向上突出。

框架結構的柱梁接合部（仕口）常為直角，因此會出現如下圖的彎曲方式。將彎曲的部分放大來看，很容易了解伸縮變形。

中間部分是下方的翼板抵抗拉力，上方的翼板是抵抗壓力。接近柱的部分，下方的翼板抵抗壓力，上方的翼板抵抗拉力。

H型鋼可以對應這樣梁的變形和力的作用方式。因此，框架結構的梁多為H型鋼。承受風或地震等的水平力作用時，會出現不同的變形，不過上下的翼板仍然能抵抗彎曲變形。

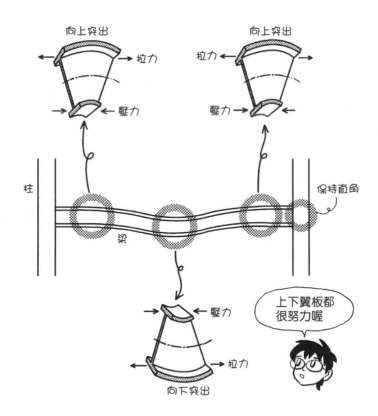

Q S造的柱中間為空心、RC造的柱中間為混凝土，為什麼有這樣的差別？

A 因為鋼的強度高，斷面積可以比較小。

鋼的每單位面積壓縮強度約是混凝土的20倍。因此，在同樣的受力下，鋼的斷面積可以比較小。

S造的柱主要使用角形鋼管。角形鋼管的「管」，就是指管裡面的空心、空的之意。只用輪廓部分的厚度來支撐重量。梁也使用H型鋼，所以斷面積一樣比較小。因此，S造的總重量也可以比RC造輕。

雖然鋼的每單位體積重量比混凝土重，但因為強度的關係，鋼的使用量可以減少，所以S造可以比RC造輕。重量輕的話，結構材承受的負擔也變少，柱梁也可以變小。這是S造的優點之一。

　　　鋼　　→強度高→斷面積小→較輕
　　　混凝土→強度低→斷面積大→較重

鋼的強度高，所以斷面積可以比較小

S造的柱

角形鋼管中間是空心

RC造的柱

中間是混凝土

Q 框架結構的柱為什麼使用角形鋼管？

▼

A 可以抵抗xy方向的彎曲。

梁只承受來自上下的彎曲的力，所以用H型鋼的翼板就可以抵抗變形。而柱的情況與梁類似，但從柱的上方來看，主要是承受來自xy兩個方向的彎曲的力。

如果是角形鋼管，不管彎曲來自哪裡，都有可以抵抗的鋼板。由於是鋼管的緣故，離中心軸最遠的輪廓部分有鋼板，可用以抵抗伸縮。

基於角形鋼管的圓角輪廓不夠鮮明，或希望露出翼板的銳角來強調鮮明的輪廓等考量，柱改用H型鋼的情況也所在多有。如果柱使用H型鋼，只有翼板變形方向對彎曲的抵抗較強（參見R094）；對於另一邊的彎曲，必須將柱的間隔縮小、加入斜撐等，進行必要的處理。

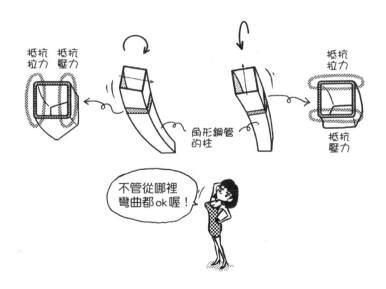

Q 相同管徑、相同管壁厚度的圓形鋼管與角形鋼管，哪一個比較能抵抗彎曲？

A 角形鋼管較能抵抗彎曲。

 一般説到鋼管，是指圓形斷面的鋼管、圓管。柯比意風格的細圓柱，大多是在設計階段就決定好的樣式。

如果放大彎曲變形的地方來看，邊緣的部分伸縮較大，可以了解是抵抗壓力和拉力。從邊緣越往中心軸靠近，變形越小，越不容易抵抗彎曲。

若是角形鋼管，伸縮大的邊緣部分因為有構材，所以可以抵抗變形。至於圓形鋼管，由於邊緣的構材較少，呈圓弧狀，靠近中心軸方向變形越小，所以越不容易抵抗變形。

此外，在相同管徑、相同管壁厚度的情況下，角形鋼管的斷面積比圓形鋼管大。通常重量垂直向下時，也是角形較有利。若使用圓柱，要將管徑加大或管壁增厚等，才能有效抵抗彎曲。

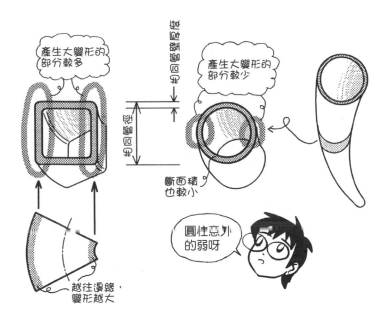

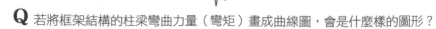

Q 若將框架結構的柱梁彎曲力量（彎矩）畫成曲線圖，會是什麼樣的圖形？

A 只承受垂直荷重的話，如下圖。

彎矩圖（M圖）畫在構材的突出側。彎矩較大的情況下，曲線圖畫在距離構材較遠的位置；彎矩較小時，畫在距離較近的位置。描繪M圖時，可以如下圖將變形部分放大來思考，比較容易了解。

先看梁的部分，中央附近向下彎曲的力量為最大，與柱的接合部則是向上彎曲的力量較大。畫成M圖時，梁端部的值會向上提高，這是因為接合部要維持直角。若計算梁的彎矩，在均佈荷重的情況下，曲線為向下突出的二次函數，也就是M圖會呈拋物線。

再看柱的上半部，柱從梁端開始，承受往梁的反方向突出的彎曲力量作用；至於地面（支點）部分，則是承受往內側突出的彎曲力量作用。請記住M圖大致的形狀。

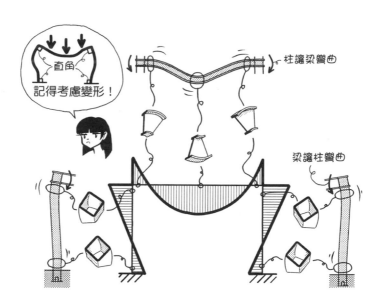

Q 水平力作用下的框架結構M圖為何？

A 如下圖。

地震或颱風時，會有橫向的力作用在組立的骨架上。以最單純的框架結構，來思考力由左向右作用的情況。

如果承受來自左邊的力，柱會往右邊傾斜變形。地面（支點）為了維持直角，會承受往左側突出的彎曲力量作用。

至於柱上方的接合部（節點），柱梁的角度要維持直角，因此會承受往右側突出的彎曲力量作用。

梁雖然會往右移動，與柱之間的接合還是維持直角，變形會呈S形曲線。梁的左端部向下突出，右端部向上突出。

在框架結構中，重點是接合部要維持直角。在接合部維持直角的條件下畫出變形的形狀，就可以清楚知道M圖應該畫在軸的哪一側。

實際的建物除了受到垂直力（重量）作用，還有地震等水平力的作用，所以完整的曲線圖是前頁的M圖，加上下方的M圖。而在地震的情況下，常是左右方向的力交互作用的複雜情況。

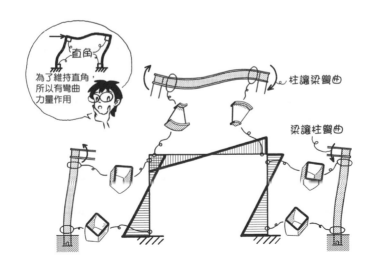

Q 三鉸框架的 M 圖為何？

▼

A 只承受垂直荷重的話，如下圖。

■ hinge＝pin，是可以旋轉的接合部（支點、節點）。若柱與地面以鉸接接合，不會承受來自地面的彎曲力量。即使地面想讓柱彎曲，也會因為接合部可以旋轉而不會產生彎曲。

通常梁的中央部所承受的彎曲力量（彎矩）會較大（參見 R099）。然而，如果梁的中央部做鉸接，彎曲力量就無法作用。左側的梁端部不會承受來自右側梁端部的彎曲力量。即使想讓右側的梁彎曲，也會因為接合部可以旋轉而不會產生彎曲。

柱梁的接合部為直交的剛接，梁會讓柱彎曲，柱也會讓梁彎曲。在三鉸框架中，直角接合部的彎矩為最大。

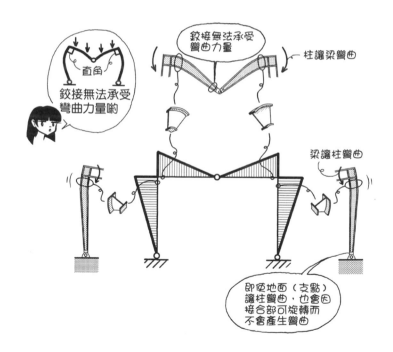

Q 電弧銲接的電弧是什麼？

▼

A 電在空氣中放電的現象。

把電通過的開關關掉時，或把插頭從插座拔出來時，有時會發生火花四散的現象。這種在接觸點產生的火花，稱為電弧（arc）。

電在放電時為放熱反應。用這個熱能將金屬熔化進行銲接，就是電弧銲接（arc welding）。電弧在低電壓、高電流下較安定。建築中的鋼骨工程所使用的銲接幾乎都是電弧銲接，用瓦斯火燄熔化金屬的瓦斯銲接已絕少使用。

在銲接名稱中，電弧兩字可加可不加，如氣體遮護金屬銲接→氣體遮護金屬電弧銲接（gas-shielded metal arc welding），半自動銲接→半自動電弧銲接（semi-automatic arc welding）等。

6

銲接‧加工

Q 銲條是什麼？

▼

A 遇熱熔化的金屬棒。

銲條（welding rod）是為了熔化而存在的棒。銲條會慢慢熔化，直到整個不見。製成銲條的金屬，因為熔化後會與母材（base metal）緊密接合，所以稱為熔融金屬、銲接金屬，或因為是熔化之後附加於母材，也有銲加材的說法。

母材是指作為接合的本體。母材受熱時，也有一小部分跟著熔化。

熔融金屬與母材的一部分熔化，硬固後就會一體化，這便是銲接的原理。銲條是用與母材相同的鋼製成的商品化產品，放在樹脂製盒子或袋子中成束販售。全部熔化用完後可以馬上補給。

銲條的表面覆有粗糙的材料（參見 R105）。銲條只有一端露出鋼材。

銲芯是鋼

銲條

粗糙表面

銲條的鋼熔化後，
就變成熔融金屬囉

Q 電弧發生在什麼位置？

▼

A 發生在銲條與母材之間。

在銲條與母材之間接上電壓後，當兩者距離近到數釐米時，會劈劈啪啪冒出火花。電流大的時候，產生高熱把鋼熔化。

銲條是裝在連接電線的握把（holder）上，母材則連接接地夾（earth clip）。

母材連接電線稱為接地（earth）。這條電線稱為接地線（earth wire）或接地電纜（earth cable），可以直接接在母材或母材下方的作業台上。另一方面，握把的電線稱為握把線或握把電纜。

電銲機（welding machine）是進行電的變壓、直流變換，也就是用以運作電的機械，有直流與交流兩種電弧電銲機。電銲機的電力來源包括接電源、附發電機、裝蓄電池等。

為了防止觸電、燒傷，必須穿戴專用的手套和作業服，以及保護眼睛的護目鏡。銲接作業有時會發生觸電致死或燒死的意外事故。

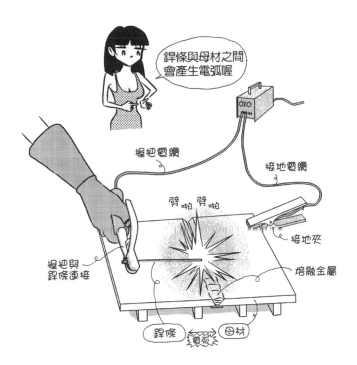

Q 銲條周圍所附的助銲劑是什麼？

▼

A 遮斷空氣用的材料。

銲接時若與空氣接觸，熔化的金屬中會出現氧化鐵或氣孔（blow hole，吹氣孔洞），形成銲接缺陷。銲接時有許多方法可以防止與空氣接觸。依據遮斷空氣方式的不同，有**被覆**（shield）、**遮護**（shield）、**潛弧**（sub-merge）等銲接。

為了保護銲接部位不與空氣接觸，會在銲條上加上助銲劑（flux）。助銲劑是由各種礦物和玻璃等製成。銲接時，助銲劑遇熱而形成霧或氣體，遮斷空氣。此外，也有助銲劑遇熱會成為熔渣（slag），包覆在熔化的金屬周圍，作用也是遮斷空氣。

flux的原意是熔化、流動。由於是被覆在電弧周圍，助銲劑也稱為被覆材，這類銲接則稱為**被覆電弧銲接**（shielded metal arc welding）。

以助銲劑被覆→被覆電弧銲接

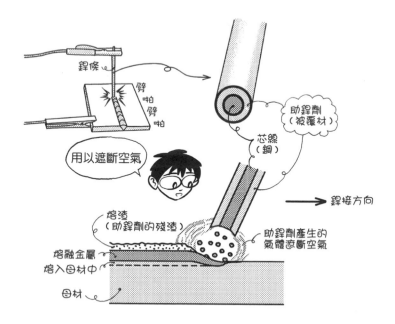

Q 銲線是什麼？

▼

A 替代銲條，會自動送出的金屬線。

銲接時有時不用銲條，而用銲線（welding wire）。電弧出現在銲線與母材之間。這時銲線因電弧的熱而熔化，成為熔融金屬。

銲線是捲成圓捆狀販售，可以直接將整捆銲線設置在機械上，自動送進電弧產生的地方。

銲線會自動送出成為銲條，所以也稱為半自動銲接。但説是半自動，其實大多還是需要輔以手動來銲接。

半自動→只有銲線自動送出

Q 自遮護半自動電弧鉗接是什麼？

▼

A 事先在鉗線上加上助鉗劑來遮斷空氣所進行的鉗接。

shield 的原意是盾，作為防護的盾牌，用以阻斷、保護。在鉗接中，shield 就是指遮斷空氣。鉗條是以助鉗劑產生的氣體和熔渣來遮斷，自遮護半自動電弧鉗接也是。

鉗線自身（self）附有助鉗劑形成遮護，所以稱為自遮護（self-shield）。電弧的熱將鉗線周圍的助鉗劑熔化，產生的氣體和熔渣遮斷鉗接部位的空氣。

因為附有助鉗劑的鉗線是自動送出，所以也是半自動電弧鉗接。附有助鉗劑的鉗線和前述鉗線一樣，捲成圓捆狀販售。

Q 氣體遮護半自動電弧銲接是什麼？

▼

A 以二氧化碳等氣體包覆（遮護）銲接部位所進行的銲接。

以氣體遮斷空氣的銲接方法，便是氣體遮護（gas-shield）。使用的氣體包括二氧化碳（碳酸氣體）或氬氣等，都是遇熱不會燃燒的氣體。

因為利用氣體作為遮護，就不需要助銲劑了。氣體從附在銲線周圍的噴嘴吹出，防止銲接部位與空氣（氧氣）接觸。

由於銲線會自動送出，同樣稱為半自動銲接；再結合氣體遮護，就成為氣體遮護半自動電弧銲接了。

　　自遮護　→以自身的助銲劑作遮護
　　氣體遮護→以吹出的氣體作遮護

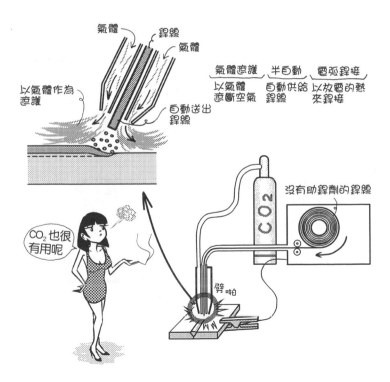

Q 銲槍是什麼？

▼

A 自遮護半自動電弧銲接、氣體遮護半自動電弧銲接中用以送出銲線的棒。

torch 的原意是火把，銲接作業中手持的部分稱為銲槍（welding torch）。進行氣體銲接時，真的有拿著火把的感覺，幾乎不會覺得是在進行氣體銲接。

銲槍會自動送進銲線，進行氣體遮護時，銲線的周圍會吹出二氧化碳等氣體。若是自遮護，銲線上附有助銲劑。銲槍在銲接部分移動，進行銲接作業。

　　被覆電弧銲接　→握把＋銲條
　　半自動電弧銲接→銲槍＋銲線

torch
是火把的
意思

滋

握把

銲條

劈
啪

被覆電弧銲接

銲槍

劈
啪　銲線

半自動電弧銲接

Q 潛弧銲接是什麼？

▼

A 工廠用向下式自動銲接。

submerge是覆蓋隱藏、埋沒之意，潛弧（submerge）是指電弧埋沒在被覆材中幾乎看不見，以遮斷空氣。不管是哪一種銲接都必須遮斷空氣，但差別是潛弧能夠更深入地完全遮斷。

　　被覆、遮護、潛弧→都是遮斷空氣的意思

潛弧銲接包括送出銲線、遮斷空氣、銲槍移動都是自動進行。藉由台車移動銲槍，在母材上進行回轉，移動銲接的位置。這種銲接方式適合用在組合鋼板製作H型鋼等，在工廠進行的長形銲接作業。

潛弧銲接也可簡稱潛弧銲。

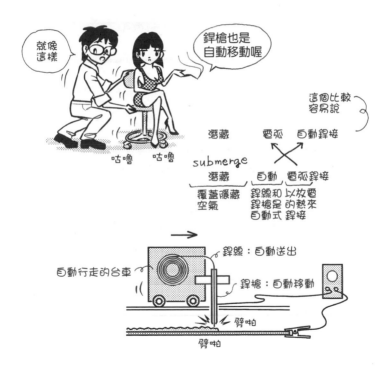

Q 潛弧銲接是用什麼來遮斷空氣？

▼

A 用自動送出的粒狀助銲劑所產生的氣體和熔渣。

助銲劑的細小粒子在銲線的周圍自動噴出，電弧的熱熔化這些粒子後產生氣體和熔渣，在銲接部位遮斷空氣。

銲槍的前端潛藏助銲劑粒子，所以稱為潛弧銲接。遮斷空氣的方法在各種銲接方式中略有差異，這裡做個小整理。

　　　銲條附有助銲劑→被覆電弧銲接
　　　銲線附有助銲劑→自遮護半自動電弧銲接
　　　二氧化碳等氣體→氣體遮護半自動電弧銲接
　　　粒狀助銲劑　　→潛弧銲接

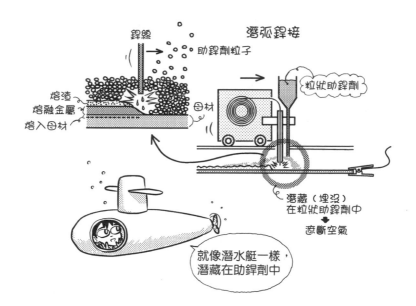

Q 1.以熔融金屬來分類的話，有哪些銲接方式？
  2.以遮斷空氣作法來分類的話，有哪些銲接方式？
  3.以自動程度來分類的話，有哪些銲接方式？

▼

A 1.銲條‧附有助銲劑→被覆電弧銲接
   銲線‧附有助銲劑→自遮護半自動電弧銲接
   銲線‧沒有助銲劑→氣體遮護半自動電弧銲接
            →潛弧銲接
 2.銲條上附有助銲劑→被覆電弧銲接
   銲線上附有助銲劑→自遮護半自動電弧銲接
   二氧化碳氣體 →氣體遮護半自動電弧銲接
   粒狀助銲劑   →潛弧銲接
 3.手動移動銲條→被覆電弧銲接
   自動送出銲線→自遮護半自動電弧銲接
         →氣體遮護半自動電弧銲接
   銲線、粒狀助銲劑、銲槍全部自動→潛弧銲接

這裡來複習一下各種銲接方式。銲接的名稱繁多，且有時因書而異，初
學者很容易混淆。

① 熔融金屬

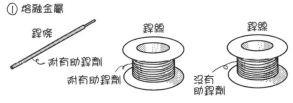

銲條
附有助銲劑

銲線
附有助銲劑

銲線
沒有
助銲劑

② 遮斷空氣

銲條上的助銲劑　銲線上的助銲劑　氣體　　　　助銲劑粒子
（被覆）　　　（自遮護）　　（氣體遮護）　　（潛弧）

③ 自動程度

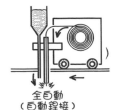

銲條　握把

全手動

銲槍

銲線

只有銲線是自動送出
（半自動銲接）

全自動
（自動銲接）

Q 開槽銲是什麼？

▼

A 兩個構材相接合時，設置溝槽，沿著板厚整體滲透進行的銲接。

將開有溝槽的構材相接合，在溝槽中注滿熔融金屬，完全滲透接合面進行接合的銲接，稱為開槽銲（groove welding）。熔融金屬與母材熔合後，沿著板厚整體形成滲透的狀態。

銲接部分是沿著接合部的板厚整體進行完全的滲透，所以也稱為**全滲透開槽銲**（complete penetration groove welding）。

母材會隨著熔融金屬一起熔化，冷卻硬固後就會一體化。結構的重要部分會使用開槽銲＝全滲透開槽銲。

即使材料之間相接合，如果沒有沿著板厚整體進行滲透，就不能算是開槽銲。只要有少部分沒有滲透，就稱為**部分滲透開槽銲**（partial penetration groove welding）。下圖左為開槽銲＝全滲透開槽銲，下圖右為部分滲透開槽銲。

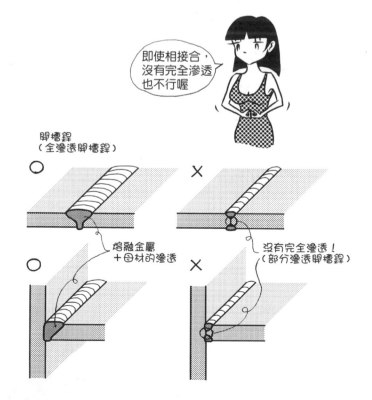

Q 開槽鉾（全滲透開槽鉾）為什麼需要有溝槽呢？

A 當板較厚時，熔融金屬無法到達下方，熱傳不到而無法進行滲透，所以需要有溝槽。

板較薄時，熔融金屬可以進入小間隔中。如果板變厚，熔融金屬可能在中途停住，無法完全滲透，而且鉾槍或鉾條可能無法進入，熱不能傳遞至最底部。

這時可以將板的切面切割成斜面，讓熔融金屬可以到達板厚整體，鉾槍或鉾條也能進入最底部。

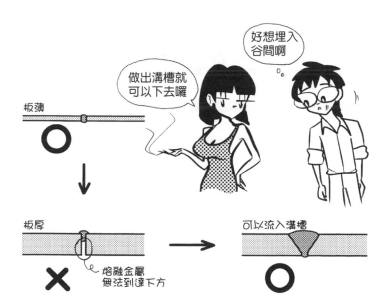

Q 開槽銲道是什麼？

A 如下圖，讓熔融金屬易於流入而設置的溝槽。

母材與母材之間銲接接合時，讓熔融金屬完全滲透至兩構材的方法，稱為開槽銲（全滲透開槽銲）。與只銲接角隅的**填角銲**（fillet welding，參見R116）不同，開槽銲的母材之間會藉由熔融金屬完全一體化。

為了讓熔融金屬可以完全滲透，最有效的方式就是刻出溝槽。如此一來，熔化的金屬可確實流入溝槽，這個溝槽就稱為開槽銲道（groove weld）。在母材的前端設置35度或45度等的斜面，就可以做出開槽銲道。

做出溝槽再進行銲接呀

熔融金屬

母材

開槽銲道 ＝ 溝槽

Q 填角銲是什麼？

▼

A 在由兩個直交的面所形成的交角上，以熔融金屬做出三角形斷面的銲接。

由於是在板的角隅填上熔融金屬，所以稱為填角銲。板與板之間只有角隅處接合，板的接觸面沒有銲接在一起。

傳遞力時，壓力可以直接傳遞，但拉力只會傳到角隅的銲接部位，形成不完全的傳遞狀態。由於沒有一體化，填角銲不會用在重要的結構部分。

　　開槽銲（全滲透開槽銲）→結構上重要的接合部
　　填角銲→簡易的接合部

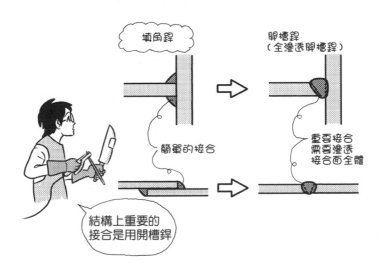

Q 鉀接泡是什麼？

▼

A 熔融金屬在鉀接部分形成的念珠狀、串珠狀波形、帶狀的隆起部分。

bead是將珠子串接起來形成念珠狀的東西，手工藝的beads是bead的複
數形。鉀接部凹凸不平的波狀部分，稱為鉀接泡（welding bead）。

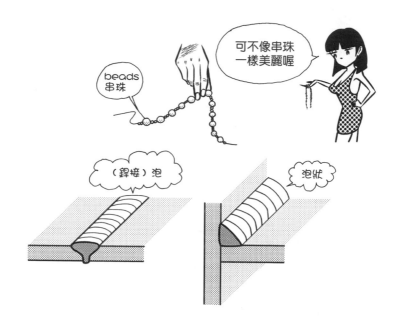

Q 銲接中的劍溝是什麼？

▼

A 將熔融金屬和母材等熔化吹散、削除，刻出溝槽。

gouge的原意是切割、研磨石頭等進行加工。在銲接中，gouging是指去除、削除銲接部分。

將銲條或銲線替換為碳電極，在銲接部就會產生電弧而熔化，接著吹出壓縮空氣，將熔融金屬吹散。這種方法稱為**電弧氣劍溝**（arc air gouging）。

其他還有利用瓦斯來熔化吹散的**瓦斯火焰劍溝**（gas flame gouging）。另外也有半自動電弧電銲機兼作劍溝機械使用。

明顯銲接不良時，劍溝之後會重新銲接。此外，在開槽銲中，有時會從背面進行銲接，先將背面的銲接部確實做出溝槽進行劍溝，再銲接完全滲透接合面整體。這叫做**背面劍溝**（back gouging）。不使用背襯板（backing plate），希望接合面簡潔時，可以進行背面劍溝。

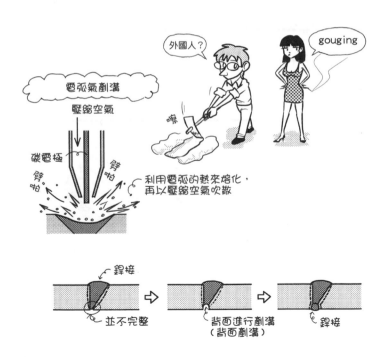

Q 超音波檢測試驗是什麼?

▼

A 利用超音波的反射,找出銲接缺陷的試驗。

🔳 當超音波接觸到銲接部時,除了在正反介面產生反射之外,沒有缺陷的位置就不會有反射現象。鋼的非均質部分會發生反射,並呈現在螢幕上。這便是超音波檢測試驗 (ultrasonic testing)。

螢幕的縱軸為反射強度,橫軸為反射時間。藉由反射時間,可以推測出距離 (缺陷深度)。

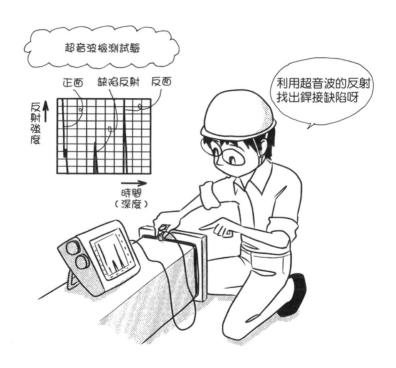

Q 開槽銲的圖面符號（銲接符號）是什麼？

A 如下圖，箭頭線（引線）、水平線（基線），以及表示溝槽形狀的∨、單斜∠等圖示。

如下圖，依據溝槽（開槽銲道）的形狀分別使用∨和單斜∠，且單斜∠的縱線在左邊。畫∨和單斜∠時，尖角要畫在基線上。

水平線（基線）畫在開槽銲道側。至於∨和單斜∠，如果溝槽位在箭頭側，也就是箭頭端，就畫在基線的下方；如果溝槽位在箭頭的反向，也就是材料的另一側，就畫在基線的上方。

溝槽為單斜∠型時，箭頭（引線）會多出一段折線，與∨型明確區別。

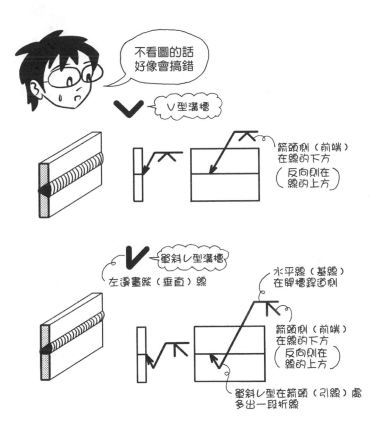

Q 填角銲的圖面符號（銲接符號）是什麼？

▼

A 如下圖，箭頭線（引線）、水平線（基線），以及等腰直角三角形等圖示。

等腰直角三角形的縱線畫在左邊。至於三角形的描繪位置，如果銲接部位在箭頭側，也就是箭頭端，就畫在基線的下方；如果銲接部位在箭頭的反向，也就是材料的另一側，就畫在基線的上方。

銲接的尺寸寫在三角形符號的旁邊。

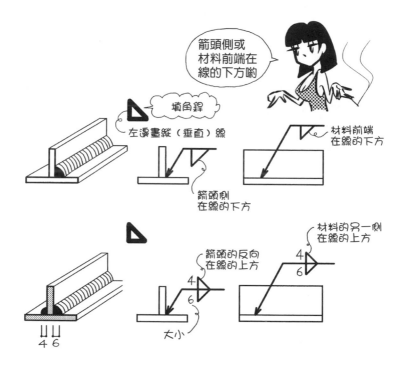

箭頭側或
材料前端在
線的下方喲

填角銲

左邊畫縱（垂直）線

材料前端
在線的下方

箭頭側
在線的下方

材料的另一側
在線的上方

箭頭的反向
在線的上方

大小

Q 如何切割Ｈ型鋼等鋼材？

▼

A 用帶鋸盤（band saw）。

帶鋸盤是裝有帶狀鋸子（帶鋸）的機械。利用動力迴轉，以高速往返或單向的輸送，進行大斷面鋼材的切割。帶為 band，鋸為 saw，合起來就是 band saw（帶鋸盤）。

其他還有雷射切割機、等離子切割機、瓦斯切割機等。較小的鋼材則使用圓形鋸進行迴轉的金屬圓鋸（metal slitting saw）。

帶鋸盤

用鋸子來切割喔

以高速單向或左右移動的帶鋸來切割

Q 如何用瓦斯噴槍來進行切割？

▼

A 用瓦斯噴槍（gas burner）熔化後再切割。

burn是燃燒，burner則有進行燃燒之物的意思。burner也稱為torch（火把）或吹管。將乙炔、丙烷等燃燒氣體與氧氣送進噴槍，混合後進行燃燒作業。

因為是把鋼熔化後再切割，切口不會很直，切面也不會很漂亮。此外，受熱的影響也會殘留在鋼骨裡面。

在鋼骨組立時，就是用瓦斯噴槍來進行組立板片（erection piece，參見R188）的切割。這種方式主要用在不必在意外觀部分的切割，或解體時切割鋼骨等。

$\mathbf{Q}$ 噴淨處理是什麼？

▼

$\mathbf{A}$ 除鏽或剝除塗膜以便噴附砂等，以及為了讓高拉力螺栓接合面的摩擦力
變大等而把表面變粗糙。

blast是強力吹襲之意。**噴丸**（shot blast）是噴附鐵粉，**噴砂**（sand blast）
是噴附珪砂，除去鋼表面的異物，附上細小刮擦，讓表面變粗糙。噴淨
的機械從手持的小型工具，到能放入大構材的大型器具都有。

銲接時，如果表面生鏽或有塗裝、油、髒污，這些東西會混入熔融金屬
中。因此，銲接之前，為了讓表面潔淨，會進行噴淨處理。銲接之後，
則進行防鏽的塗裝。

此外，如果高拉力螺栓接合部光滑，即使鎖緊也可能無法產生摩擦力，
因此特意把表面做成粗糙不平。

削除（scraping）是把表面的油、鏽等異物削取除去的表面調整作業，
噴淨處理也是削除的一種。其他還有使用**圓盤打磨機**（disk sander，有
圓盤狀銼刀的迴轉機械）、**鋼刷**（wire brush）、**刮刀**（scraper，削除工
具）、**砂紙**（sandpaper，紙銼刀）等處理方式。

Q 砂、黏土、粉砂、礫石的粒徑大小順序為何？

▼

A 礫石（gravel）＞砂（sand）＞粉砂（silt）＞黏土（clay）。

■ 粒徑比砂大的石頭、砂礫稱為礫石，粒徑比砂小的土則稱為粉砂（亦稱粉土）。

土壤是由礫石、砂、粉砂、黏土等大大小小粒徑的土壤粒子集結而成。土壤的性質依這些粒子的混合比例而異。以礫石和砂為主的土稱為砂質土（粗粒土壤），以粉砂和黏土為主的土稱為黏性土（細粒土壤）。

此外，與水和空氣的混合情況，也會讓土壤性質有許多不同的變化。特別是水，對地盤的性質影響巨大。

厚的卵礫石層（gravel formation）是僅次於岩盤，具有良好地基承載力（地耐力）的地盤。

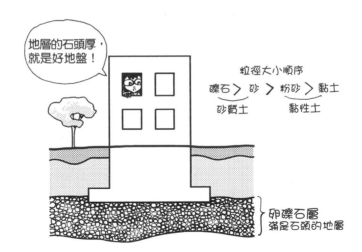

Q 硬盤是什麼？

▼

A 經年累月形成的堅硬密實的土層。

 硬土是指具有與岩石相近硬度的土。硬盤（hardpan，亦稱硬質地層）加上「盤」字，是因為具有可與岩盤媲美的耐力。

沖積層（alluvium）下方（前一時期）的**洪積層**（diluvium）的硬質**黏土層**（clay formation）、**泥岩層**（mudrock formation）等，都是硬盤。地基承載力的大小順序如下：

　　岩盤＞硬盤≒密實的卵礫石層

岩盤的地基承載力最佳，紐約曼哈頓和香港之所以高層建築林立，就是因為位於岩盤上。

就像岩盤一樣硬喲

不管怎麼踩都不會變化，就是硬土

硬硬

硬盤（硬質地層）

地基承載力大小順序
岩盤 ＞ 硬盤 ≒ 卵礫石層（密實的）

7

地盤與基礎

Q 壤土層是什麼？

▼

A 火山灰堆積而成的地層。

火山灰堆積，經年累月硬固後，便形成壤土層（loam formation）。日本關東地區的台地或丘陵地常見的紅土，就是關東壤土層。關東壤土層是由富士山、淺間山、赤城山等噴發的火山灰堆積後，硬固而成的地層。

壤土層足以作為木造住宅的地盤，即使是RC造、S造也能建造三層樓左右，一般是以不打樁的筏式基礎（raft foundation，參見R136）為地盤結構。

Q RC造、S造的地板每 1m² 的重量是多少？

▼

A 大約是 1tf。

 1tf之所以加上f，是因為 1t 為質量，1tf才表示重量。一般說到 1t，多是指 1tf。順帶一提，1tf ＝ 1000kgf ＝ 1000kg・9.8m/s² ≒ 10000N ＝ 10kN，因此1tf的重量約 10kN（kilonewton，千牛頓）。

1tf約略是一輛小型車的重量。若是RC造，地盤上每 1m² 大約就承受這樣的重量。若是S造，承受的重量略輕，大約是0.8tf。木造的話更輕，大約是0.25tf。此外，一樓的基礎梁或底盤會比較重，大約是1.5tf。

如果是RC造的三層樓建築，建物整體每 1m² 的重量是 1＋1＋1＋1.5 ＝ 4.5tf/m²。由於壤土層的地基承載力為 5tf/m²，所以壤土層可以作為支撐建物的地盤。

正確地說，應該將各個部位的重量及承載的物品重量加在一起計算，才能算出整體的重量。但不妨就以 1tf/m² 作為重量的概算基準，將它記下來吧。

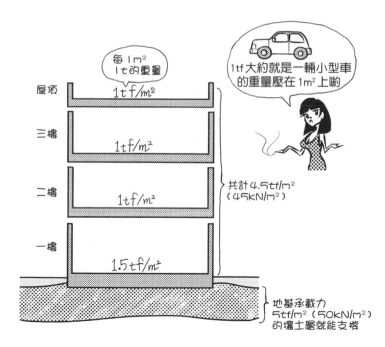

Q 鑽探是什麼？

▼

A 在地面上挖洞，調查地質等。

在地面上挖出直徑 10cm 左右的深洞。根據開洞位置的不同，地層的變化也不一樣，所以必須在基地的幾個地方進行鑽探（boring）。

鑽探取出的土作為試料（sample，鑽孔岩心〔boring core〕），將之分類放入小瓶子中保存。藉由這些試料，可以製作出表示地下多少公尺的地方是哪種地層的**土質柱狀圖**（soil boring log，**鑽孔圖、鑽孔柱狀圖**〔boring log〕）。

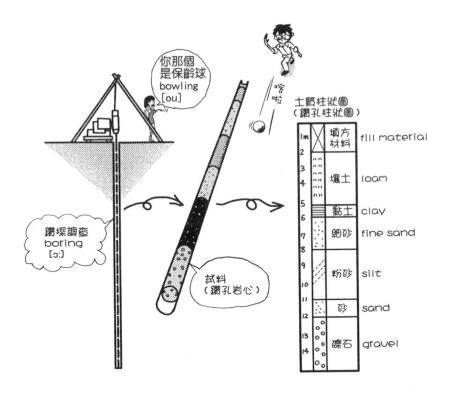

Q 標準貫入試驗的原理是什麼？

A 打擊土壤，調查打擊幾次之後才會打入一定深度（貫入），根據所得打擊數來推敲硬度等。

把釘子敲進木頭時，若打擊力相同，敲入 1cm 需打擊 3 次的木頭，與需打擊 10 次的木頭相較，可以判斷出打擊 10 次的木頭比較硬。測量土壤硬度就是應用這個原理。

以人力打擊出相同的力較困難，所以這項試驗採用的方法是將一定重量的落錘，從一定的高度落下。將 63.5kg 的落錘從 75cm 高度落下，以測定貫入 30cm 所需的打擊數。

由於要直接把落錘落在土壤洞中較困難，具體的作法是，在土壤洞中放置一根鐵棒，讓落錘落在鐵棒上，測量鐵棒貫入土壤 30cm 時的打擊數。以標準化的方式來進行貫入試驗，所以稱為標準貫入試驗（standard penetration test）。

Q N值是什麼？

▼

A 標準貫入試驗中落錘貫入30cm所需落下的次數。

 以1m左右的間隔向下挖掘後，每一次都要進行標準貫入試驗，測量落錘貫入30cm所需落下的次數。這個次數就稱為N值。

如果N值大，可判斷地盤較硬。然而，根據礫石、砂、粉砂、黏土等土壤種類的不同，N值的判斷方式略有差異。依照土壤種類，有從N值換算出地基承載力等的計算式。

N值可用曲線的方式記入土質柱狀圖中。若是中層S造、RC造建物，以N值約30～50的厚地層作為承載層（bearing stratum）。

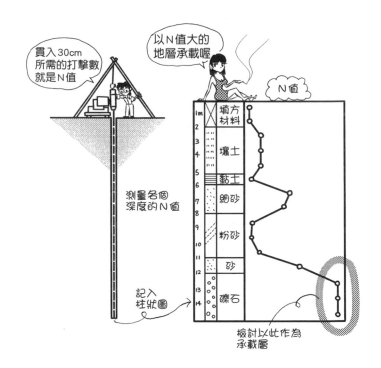

Q 椿是什麼？

▼

A 為了支撐建物，打設直至承載層的柱狀結構物。

為了避免建物沉陷，在各柱之下等地方需要打設椿（pile）。雖然S造比RC造輕，但根據樓層數和地盤的不同，還是必須打椿。

事先做好再運送至現場打入地層者稱為**預鑄椿**（precast pile，亦稱預製椿），在現場澆置混凝土製成的是**場鑄椿**（cast-in-place pile）。考量搬運的便利性，預鑄椿大多比電線桿稍粗，直徑約50～60cm。場鑄椿是在現場澆置製成，所以直徑多為1m以上。

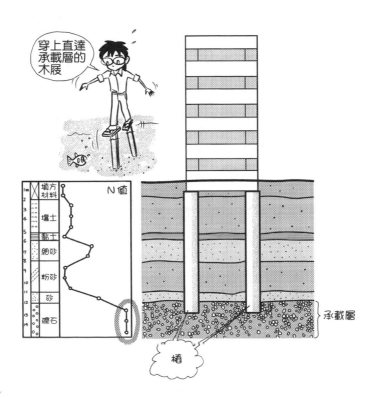

Q 摩擦椿是什麼？

▼

A 利用與地面的摩擦力來承載的椿。

利用堅硬承載層來支撐的普通椿，稱為支承椿（bearing pile），而與其相對的就是摩擦椿（friction pile）。承載層太深無法到達或沒有承載層的情況下，就要使用摩擦椿。

為了提高摩擦椿的摩擦力，常在椿的表面做出凹凸的節。如果是軟弱地盤（soft ground），即使木造也會使用摩擦椿。

Q 地盤改良是什麼？

▼

A 在土中加入含**固化劑**的水泥等混合在一起，讓地盤變堅硬的方法。

在土中加入水泥粉末等混合在一起，等待一段時間後就會硬固，可以增加支撐建物的力＝地基承載力。

雖然理想的狀況是建物下方整體都進行混合，但在堅硬地盤距離較遠的情況下，可以採用硬固為圓柱狀的方式。這種方式稱為**柱狀改良**（column type improvement）。

即使是 RC 造和 S 造，若是低層建物，也有不使用椿，只進行地盤改良（ground improvement）的作法。但如果可以不受限於成本，還是打設椿的可靠度較高。

Q 基腳是什麼？

▼

A 設置在柱、梁、牆的下方作為基礎，底座形狀寬廣的結構物。

 基腳的英文是 footing。基礎的底部寬廣，就不容易陷入土中。如果只有柱，很容易陷入土中，把柱設在基礎上形成寬廣的板狀，就不容易陷入。

基腳的形式包括只在柱的下方設置的獨立基腳（single footing），以及設在柱與柱之間基礎梁下方的連續基腳（continuous footing）等。

木造一般都需要基腳，而在地盤佳的地方建造的低層 RC 造、S 造也會使用基腳。

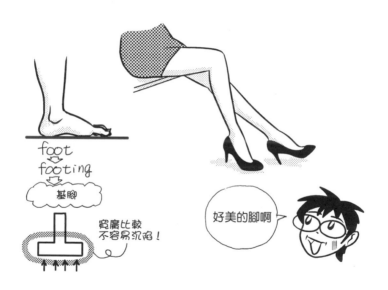

foot
⇩
footing
⇩
基腳

寬廣比較
不容易沉陷！

好美的腳啊

Q 筏式基礎是什麼？

▼

A 在建物底面作為支撐整體載重的基礎。

椿是將很粗的混凝土棒打設至承載層來支撐建物，基腳是在柱梁下方的面支撐建物，筏式基礎（raft foundation，亦稱蓆式基礎〔mat foundation〕）則是在底面支撐建物整體。底面支撐的面積越大，重量越分散，更容易支撐載重。

如下圖以免洗筷做成的結構體，直接放在地面上的話稱為掘立柱〔譯註：將柱直接埋進土中的建造方式〕，柱的下方放置平坦的石頭就變成基腳，在整體的下方放置一本書（耐壓板）則可視為筏式基礎。其中最不容易發生沉陷的，就是下方放書的筏式基礎。

筏式基礎需要考量的問題是，正下方的地面是否有足夠的支撐力（地基承載力）。不管面積多寬廣，若沒有良好的地基承載力，還是會發生沉陷。這時必須把椿打設至堅硬的承載層。

在地盤佳的地方，如果建造兩、三層樓的RC造、S造建物，可以用筏式基礎來支撐。如前述，地基承載力若為 5tf/m^2（50kN/m^2），4.5tf/m^{2}以下的建物可以用筏式基礎作為支撐。

筏式基礎的底面是可耐受地面壓力的板，所以稱為耐壓板。

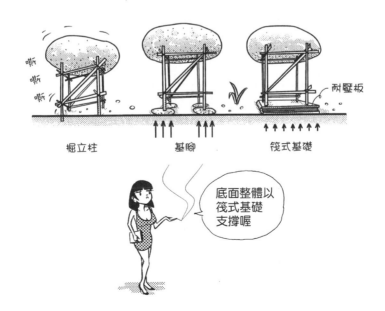

掘立柱　　　基腳　　　筏式基礎

耐壓板

底面整體以筏式基礎支撐喔

Q 如何把樁固定在建物上？

▼

A 一般以樁帽來固定。

一般來說，樁頭的大小會比柱或基礎梁大。此外，因為樁是用鋼筋與建物本體緊密連結（固定），所以作為固定樁之用的混凝土斷面，勢必需要比較大。

樁的上方承載著樁帽，樁帽的上方則承載柱或梁，這時樁頭的處理變得較為簡單。有時一個樁帽的下方為一支樁，有時是數支樁。若建物較輕，筏式基礎下方也可能打樁。

一個樁帽打設一支樁的情況為**單樁**（single pile），打設多數樁的情況則為**群樁**（pile group）。單樁和群樁哪個較好，視地盤為黏土或砂等而異，必須好好進行地盤調查，再根據調查結果慎重檢討適合的形式。

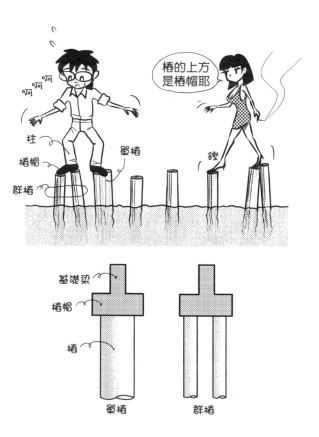

Q 粗石是什麼？

▼

A 澆置基礎的混凝土之前所鋪設的石頭。

將大顆的圓石（鵝卵石）切割之後，尖端向下插入土中並排鋪設的石頭，稱為粗石（rubble，毛石、碎石塊、礫屑）。若尖端向下插入土中，承受來自上方的載重時，粗石隨之向下陷入的深度有限，整體來說可讓鋪設的平面更加穩固。這種直立的鋪設方式稱為**尖端（小截面）站立**（small-end up）。

近來較不用圓石，而是用直徑約40～80mm的大顆碎石（crushed stone），因為是大岩石打碎後得到的小砂礫，成本比較低廉。

整地作業是基礎工程的一環，鋪設粗石的作業就是粗石基礎工程。先挖掘土壤（**開挖**〔excavation〕），在土地上鋪設粗石，進行輾壓之後，再開始建物的建造工程。

如果直接在土壤上澆置混凝土，預拌混凝土（ready-mixed concrete）會滲入土中無法順利凝固，也無法維持平面的平整性，鋼筋無法順利進行配筋作業，連帶表示柱梁等位置的墨線（黑線）無法進行標註等等，作業上將有諸多不便。

請牢記下圖中粗石和混凝土的圖面符號。

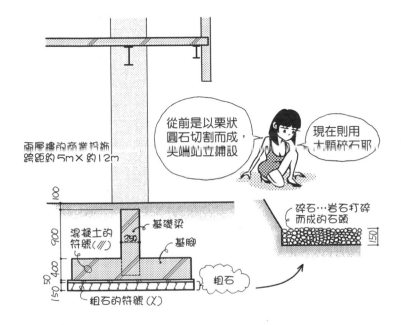

面層樓的商業設施
跨距約5m×約12m

從前是以栗狀圓石切割而成，尖端站立鋪設

現在則用大顆碎石耶

碎石…岩石打碎而成的石頭

混凝土的符號（///）

基礎梁

基腳

粗石

粗石的符號（X）

Q 鋪設粗石後為什麼上面要再鋪設未篩礫石（機軋碎石）？

A 為了填滿粗石的空隙使結構更緊固，還有讓預拌混凝土不會流入粗石的縫隙，並使整體結構較為平坦。

未篩礫石（unscreened gravel）是由像砂一樣的小粒碎石到大顆碎石混雜而成，用以填充粗石的縫隙或鋪設於柏油（瀝青）道路的底層。

碎石是以碎石機打碎岩石做成的人造礫石。將超過一定大小的碎石去除後，剩下的石頭就稱為未篩礫石或未篩碎石。因為是碎石機啟動之後做成的，因此也稱為**機軋碎石**（crusher-run stone）。

如果以40mm的篩孔過篩，篩子上會留下粒徑大於40mm的碎石，篩子下方則是粒徑小於40mm的各種粒徑大小的小石頭。取 crusher-run 的字首C，以C-40表示粒徑為40～0的機軋碎石。鋪設在粗石上的礫石是用C-40左右的粒徑大小。

小空隙用砂填滿，大空隙以礫石充填，使整體平坦均等。由於這種石頭用於填充縫隙，因此也稱為**填縫礫石**。

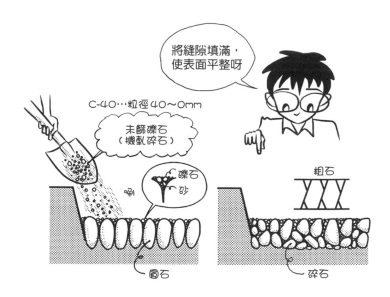

Q 打底混凝土是什麼？

▼

A 澆置在粗石上的約5cm厚的混凝土，結構體工程準備用。

 如果直接在土壤上進行基礎工程，結構體所承受的力無法順利傳遞至土層，澆置時預拌混凝土會滲入土中，表面無法進行墨線標記，也無法確保水平，鋼筋工程變得困難，會造成許多施工障礙。

此時先鋪設粗石＋未篩礫石作為基礎，再澆置一層稱為打底混凝土（blinding concrete）的混凝土。打底混凝土含水量與結構體的預拌混凝土相同，但有時也可能稍少。

加上「打底」兩字，是因為這層混凝土會作為基礎，成為準備作業用的混凝土。打底混凝土是可以調整水平高度的混凝土，所以也稱為**整平混凝土**（levelling concrete）。

打底混凝土的澆置範圍可以比結構體的混凝土稍廣一些，在打底混凝土上方進行墨線標記。模板工程、鋼筋工程也會在這個水平的平台上進行。

Q 基礎的柱與梁的交接部是如何處理的？

▼

A 如下圖，樁的上方承載著樁帽、基礎梁和基礎接頭，基礎接頭的上方中央設置柱腳。

基礎接頭的四周設置基礎梁，而基礎梁的交接部就是設置基礎接頭的位置。

樁帽設置在這個基礎梁和基礎接頭之下，而樁帽的下方設置樁。柱設置在基礎接頭之上，或埋設在基礎接頭之中。其載重傳遞順序如下：

柱→基礎接頭→樁帽→樁

如果是不使用樁的筏式基礎，就不需要樁帽，梁的下方使用耐壓板。有時也會只以樁帽作為支撐。

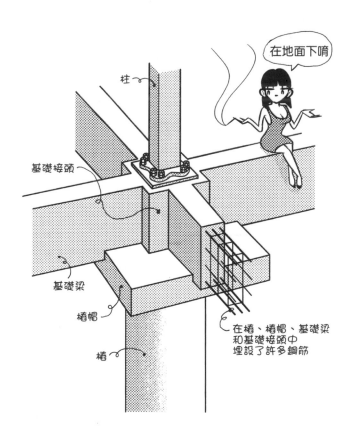

在地面下唷

柱

基礎接頭

基礎梁

樁帽

樁

在樁、樁帽、基礎梁和基礎接頭中埋設了許多鋼筋

Q 土間混凝土是什麼？

▼

A 與梁有些距離，直接鋪設在土層上的混凝土板。

 如字面所述，土間混凝土是製作土間用而澆置的混凝土。〔譯註：「土間」為日本傳統建築用語，指主要出入口的過渡空間，因通常未鋪設任何鋪面，表面仍為一般的土壤而得名〕

梁的上方承載混凝土樓板，與結構一體化。樓板的重量會傳遞到梁，再傳到柱，最後傳至基礎。

土間混凝土所承受的重量只會傳到正下方的土層。若正下方的土層下沉，土間混凝土也跟著下沉。土間混凝土雖然不是主要的結構體，放入鋼筋時還是要注意不要造成混凝土龜裂。

在斷面圖中，如果基礎梁上方的混凝土板是浮起來的話，那就是土間混凝土；如果連接著基礎梁，那就是樓板。樓板下方如果是耐壓板，板就會變成兩層，中間形成一個空間。這個稱為地下坑室（below grade pit）的空間，可以作為配管空間等使用。

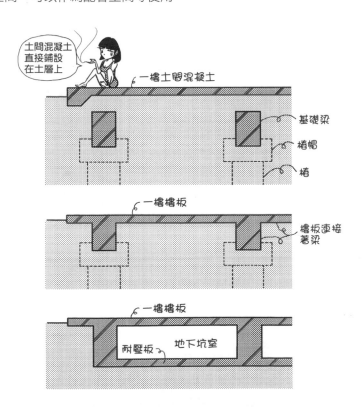

Q 耐壓板上可以組立木造的一樓樓板嗎？

▼

A 可以。

 以下圖為例，這是一棟 S 造三層樓住宅，上方兩張圖的跨距約 3m×5m（短邊斷面），下方圖的跨距約 5m×5m（長邊斷面）。由於三層樓左右的住宅，基礎梁梁高大約就要 1～2m 左右，如果耐壓板上方沒有製作 RC 樓板，下方可以空出很大的空間。

在這個空間上面架設木造樓板時，必須先立柱並架梁。相較於澆置 RC 樓板，這種作法成本比較低，重量也較輕。如下方中央的斷面圖所示，有時會回填土壤做出土間混凝土。

如果將一樓地板下方的空間作為地下倉庫，架梁但不要立柱，這樣空間比較簡潔。地下倉庫有濕氣，所以只能放置輪胎等耐濕氣的物品。

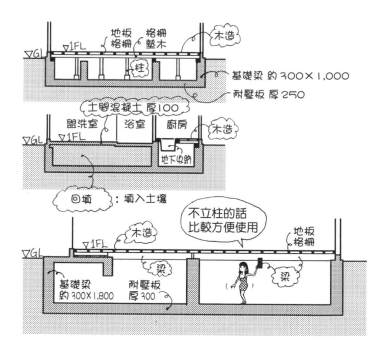

Q 柱底板是什麼？

▼

A 裝設在柱的最底部，讓柱可以安裝在基礎上的鋼板。

base是基礎、底座之意，plate則是指鋼板。為了把柱安裝在基礎上，裝設在柱底部的鋼板，就稱為柱底板（base plate）。

柱底板上有留設螺栓孔，混凝土基礎與柱就是靠螺栓接合。在基礎上安裝柱所用的螺栓，稱為錨定螺栓（anchor bolt，簡稱錨栓）。anchor是船錨的意思，錨定螺栓就是用以讓柱固定不動的螺栓。

8

柱
腳

裝設在基礎上的鋼板，
所以稱為柱底板

base plate
柱底　板

Q 裝在柱底板上的肋板是什麼？

▼

A 如下圖，補強用的鋼板。

rib是肋骨，而在建築中，rib一般是指作為補強主結構材的輔助結構。著名的應用是哥德式教堂中，為了補強曲面天花板（拱頂）而架設的拱型肋板（rib plate）。

裝在柱底板上的肋板，除了讓柱保持直角之外，也讓力量容易傳遞。這類柱底板也稱為肋板補強柱底板。

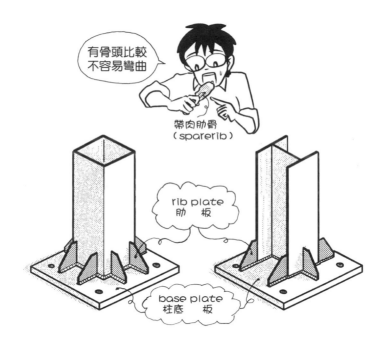

Q 將柱裝設在柱底板上的方法是什麼？

▼

A 以開槽銲（全滲透開槽銲）接合裝設。

如果直譯柱底板的英文名base plate，就是基礎（base）的板（plate），也就是為了把柱連結到基礎上而設置於柱腳的鋼板。

因為是重要的接合部位，所以採用開槽銲。在柱的端部做出開槽銲道（溝槽），事先銲接好**背襯板**（backing plate，參見R171），接著再進行銲接作業，讓柱與柱底板完全一體化。

這個銲接作業若是用填角銲，柱與柱底板接觸的部分無法銲接，會降低結構承受拉力的能力。此外，柱的內側也不可能進行填角銲。

柱腳與基礎的關係，就像柱梁與仕口一樣，都是非常重要的地方。柱底板的銲接方式和裝設隔板（diaphragm，參見R162）的銲接方式相同。

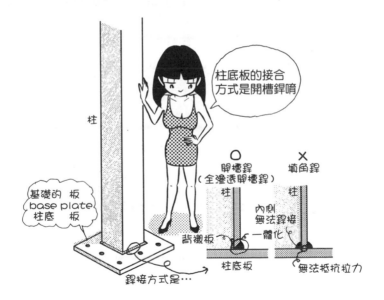

Q 如何把柱固定在基礎上？

▼

A 利用錨定螺栓固定。

anchor是錨的意思。錨定螺栓就像在混凝土基礎上下錨一般，是先埋設在混凝土中，用以固定柱的螺栓。

在柱底板上留設讓錨定螺栓通過的孔洞。用吊車把柱懸吊至錨定螺栓的位置，並讓螺栓通過預留的孔洞，接著再以螺帽鎖固。

鎖固時通常是用**雙螺帽**（double nut），也就是有兩層螺帽做鎖固，螺帽之間互相擠壓，不容易鬆脫。即使是小螺絲也用雙螺帽鎖固，如此螺帽才不容易鬆脫。利用手邊的螺絲試試看，就會感受到了。

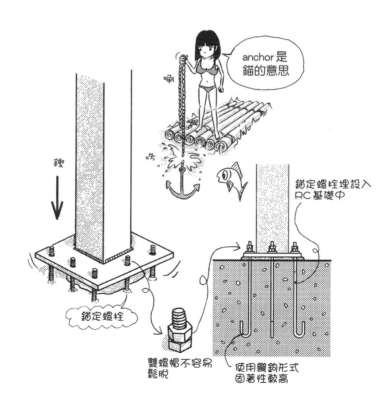

anchor是錨的意思

鋼

錨定螺栓埋設入RC基礎中

錨定螺栓

雙螺帽不容易鬆脫

使用彎鉤形式固著性較高

Q 錨定螺栓在柱底板上的位置大致可分為幾種類型？

A 三種類型。

如下圖，有三種類型：①柱外、②柱外＋肋板補強、③柱內。

雖然一般多為柱外，但有時會加上肋板補強。此外，如果柱埋設入混凝土中，也會有柱內的類型。若是柱內形式，柱會有部分缺口。

〔柱底板的三種類型〕
柱外錨定螺栓
柱外錨定螺栓＋肋板補強
柱內錨定螺栓

Q 錨定螺栓的假固定板是什麼？

▼

A 固定錨定螺栓位置用的鋼板。

錨定螺栓埋設在基礎的混凝土中，如果螺栓的位置稍微偏離或傾斜，螺栓就無法通過柱底板的孔洞。施工順序如下：

設置錨定螺栓→組立鋼筋→組立模板→澆置預拌混凝土

在這個作業中，為了讓螺栓的螺頭位置不要偏離，用以暫時固定螺頭的就是假固定板。混凝土硬固後，移除假固定板。如果就這樣留著假固定板，無法進行柱底板的安裝。

假固定板也稱為**樣板**（template）。template在製圖中是畫圓形或衛生陶器等物品時所使用的圓圈板，在英文中有雛型、固定形式的意思。

Q 錨定架構是什麼？

▼

A 固定錨定螺栓位置用的鋼製架構。

基礎的製作順序如下：

挖土→鋪上礫石→澆置打底混凝土→畫墨線→設置錨定螺栓

設置錨定螺栓就是要決定這個基地上的柱的位置，所以至關重要。首先，用螺栓把架構的基座固定在打底混凝土上；接著，組立整個架構，設置錨定螺栓；最後，在錨定螺栓的上方裝上假固定板。

錨定架構（anchor frame）是在現場組合山型鋼而成，另外也有用螺栓直接組立預製的架構。使用現成品時，為了不讓螺栓脫落，會附上牢牢固定在架構上的金屬零件，替代錨定螺栓的彎鉤。

錨定架構和錨定螺栓設置完成後，開始進行鋼筋和模板的組立作業。

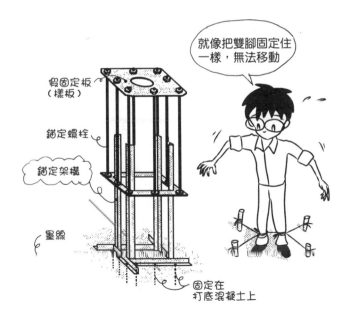

就像把雙腳固定住一樣，無法移動

假固定板（樣板）

錨定螺栓

錨定架構

墨線

固定在打底混凝土上

Q 水泥砂漿饅頭是什麼？

▼

A 如下圖，為了進行柱腳高度的微調整，以無收縮水泥砂漿（non-shrinkage cement mortar）做成的饅頭狀填充材。

水泥砂漿（砂漿、灰漿）是在水泥中加入砂和水混合而成。普通的水泥砂漿乾燥後會收縮，如此一來高度就會改變或發生龜裂。

無收縮水泥砂漿是在水泥砂漿中加入膨脹劑或減水劑，避免產生收縮。這種水泥砂漿也稱為**水泥漿**（grout mortar）、**灌漿材**（grouting material）。grout有將空隙填補起來之意。

水泥砂漿饅頭可以在鋪設柱底板之前，一邊計算高程，一邊以金屬鏝刀整平（①）。當柱固定在柱底板上之後（②），再以無收縮水泥砂漿填充剩下的空隙（③）。

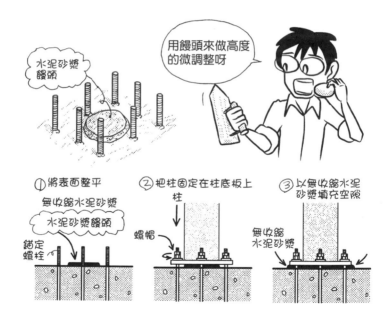

Q 灌漿材的注入墊圈是什麼？

▼

A 將灌漿材填充至柱底板下方時使用，開有注入灌漿材用的孔洞的錨定螺栓墊圈（washer）。

 水泥砂漿饅頭周圍需要填充無收縮水泥砂漿，但以人工作業會很困難，因此有與錨定螺栓成套銷售的填充用金屬零件現成品。

墊圈上開有孔洞，在孔洞中裝設漏斗，就可以注入灌漿材。墊圈的下方有洞，讓灌漿材流往螺栓孔的方向。

為了讓灌漿材不會流出至柱底板以外的地方，可以用合板等圍出模板。持續注入灌漿材，待灌漿材從別的墊圈的孔洞溢出後，就表示填充完成。

埋入基礎中的錨定螺栓、澆置預拌混凝土時讓錨定螺栓保持不動的固定用錨定架構、螺帽、注入墊圈等，都是成套的現成品。此外，有時這項工程是需要專門業者才可施作的責任工程，請特別留意。

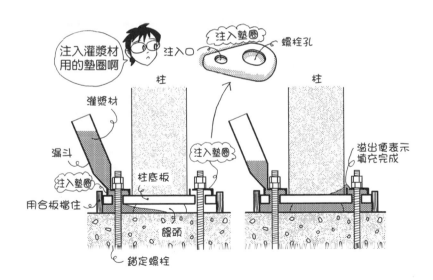

Q 基礎接頭是什麼？

▼

A 為了承受柱的柱底板所製作而成的基座，稱為接頭。

 與基礎梁同高，承受柱的柱底板用的基座，就是基礎接頭，也稱為**礎柱**。

基礎接頭橫向超出柱底板 100mm 左右。因為在埋設錨定螺栓和錨定架構的情況下，必須留有鋼筋補強的空間。基礎周圍的收納作業需特別留意。

柱不是直接放在基礎梁上就可以了。柱底板要比柱大，而且錨定螺栓也要牢牢埋入才行，所以需要製作接頭。

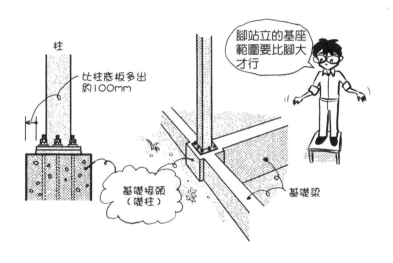

柱

比柱底板多出的100mm

腳站立的基座範圍要比腳大才行

基礎接頭（礎柱）

基礎梁

$\mathbf{Q}$ 露出型柱腳、埋入型柱腳是什麼？

▼

$\mathbf{A}$ 固定在RC基礎上的柱腳為露出型柱腳，埋設在基礎中固定的柱腳為埋入型柱腳。

柱底板可以分為外露於基礎上和埋設在基礎中兩種不同的形式。中小規模的建物多採用露出型柱腳，特別是錨定架構＋錨定螺栓＋假固定板＋柱底板的現成品，精度高，廣泛使用。

埋入型柱腳是將柱腳埋設在基礎的混凝土中固定，用於中、大規模的建物。由於柱腳牢牢固定在混凝土中，對於傾倒的力量（彎矩）或上下搖晃的力量（剪力），抵抗力較強。

柱底板下的混凝土硬固後，設置柱底板，之後再進行埋設用的混凝土澆置作業。

由於混凝土必須進行兩階段的澆置作業，埋入型柱腳的工程多於露出型柱腳。

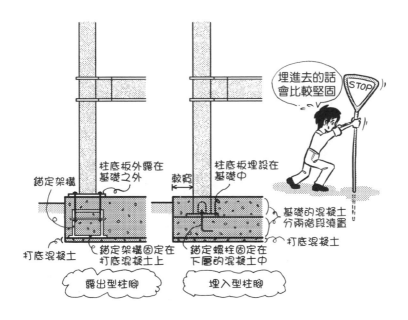

Q 根捲型柱腳是什麼？

A 如下圖，將位於柱底板上方的柱腳部分，以鋼筋混凝土捲起的柱腳。

根是指柱的腳的部分，捲則是指以鋼筋混凝土捲起。根捲型就是將在基礎上方的柱腳，以混凝土捲起來固定的方式。

相較於埋入型柱腳是埋設在基礎中，根捲型是埋設在基礎之上。

　　埋入型→埋設在基礎的混凝土中
　　根捲型→以混凝土捲起柱腳的周圍

為了在基礎之上以混凝土固定柱腳，會出現較粗的柱。在住宅等空間，這樣的柱會形成阻礙，所以根捲型柱腳用在底層架空建物、停車場和倉庫等處。

Q 柱螺栓是什麼？

▼

A 如下圖，讓柱與混凝土一體化，使力容易傳遞而設置的螺栓。

為了讓車子行駛於雪地時可以防滑，輪胎會釘上防滑釘（stud，近年以無釘防滑〔studless〕為主流），以避免在道路上滑行。柱螺栓（stud bolt）也是為了讓鋼骨在混凝土中不會滑動，可以牢牢固定而設置的螺栓。stud是突出來的鉚釘，柱螺栓也可稱為 stud、stud dowel。

為了讓埋入型柱腳、根捲型柱腳的柱牢牢固定在混凝土中，而且讓力容易傳遞，會裝上柱螺栓。柱螺栓銲接在柱面上。

當柱傾倒時，如果沒有柱螺栓，周圍的混凝土可以抵抗壓力；如果有柱螺栓，也能抵抗平行作用於柱面的力（剪力）。而在柱腳設置孔洞，將混凝土灌入柱內，也是為了讓鋼骨與混凝土一體化。

設置地板時也會使用柱螺栓，作用是讓地板的混凝土與梁的鋼骨一體化。

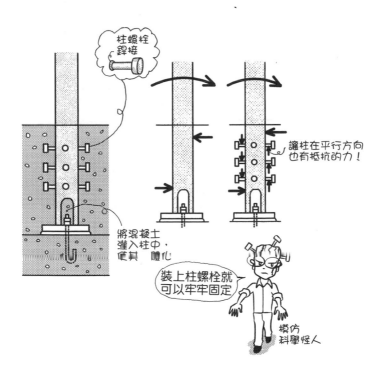

Q 榫筋是什麼？

▼

A 如下圖，與混凝土一體化，讓力容易傳遞的鋼筋。

以下圖為例，這是跨距約 12m×5m、樓層高約 3m 的兩層樓商業設施，其一樓底層架空、停車場的柱腳。圓形鋼管柱是以根捲型固定。

如果使用柱螺栓，為了埋設在周圍的混凝土中，根捲的部分會變粗。這時可以使用直徑 19mm 的鋼筋纏繞六段，替代柱螺栓。

暗榫（dowel）一般是指夾在兩種材料之間，防止材料錯開的木工用金屬構件。榫筋（dowel bar）就是防止材料錯開的鋼筋。把鋼筋銲接到柱上，可以讓混凝土與柱確實地結合在一起。

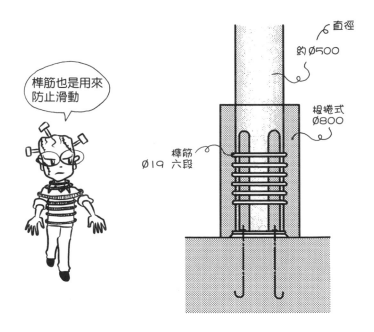

榫筋也是用來防止滑動

直徑約Ø500

根捲式Ø800

榫筋Ø19 六段

Q 採用埋入型柱腳時，為什麼柱周圍的基礎梁比較粗？

▼

A 為了讓鋼筋等通過。

採用埋入型柱腳時，鋼骨柱直接埋設在基礎中。因為鋼骨中沒有鋼筋通過，基礎梁的內部將鋼筋迂迴地配置在鋼骨四周。若是露出型柱腳，在不碰撞到錨定螺栓或錨定架構的前提下，鋼筋可以通過柱的下方。

為了防止鋼骨和鋼筋鏽蝕，必須覆蓋一定厚度的混凝土，這層厚度稱為**保護層**（cover thickness）。如果保護層太薄，太靠近土層，鐵就會生鏽。鋼筋圍繞在柱的周圍，再加上保護層所需的厚度，混凝土的部分必須增厚。

以下圖為例，這是跨距約5m×5m、樓層高約3m的三層樓住宅。如果檢視基礎俯視圖（由基礎上方向下看的平面圖），基礎梁設有梁腋（haunch，端部斜向較粗的部分），柱周圍變得較厚。

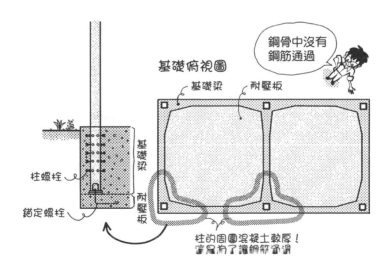

Q 0柱是什麼？

▼

A 只先進行柱的柱腳部分的工程，或此時出現的短柱。

在比基礎稍高的1～2m左右的高度位置，把柱切割，先進行後續工程施作，是常見的做法。將附有組立板片（參見R188）的短柱埋設在基礎中，之後再將上方的柱接續上去。

由於柱要與梁進行橫向接合，製作上較費時。若是埋入型柱腳，柱腳可以與基礎工程一起進行施作。若是柱整體製作完成後搬入，製作期間也可能發生基礎工程停滯，因此會產生只先進行柱腳工程的情況。

如果柱以1節、2節的方式接續，柱腳相當於0節，所以稱為0柱。

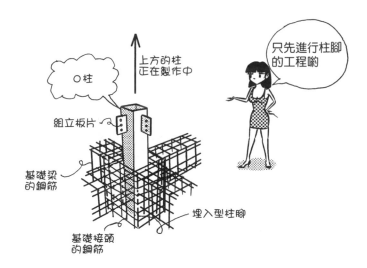

Q 如何把梁固定在柱上？

▼

A 先在柱上設置托架（bracket），再把梁固定在托架上。

直角的接合部稱為**仕口**（橫向接合），軸方向的相互接合稱為**繼手**（縱向接合）。

框架結構的柱與梁必須維持直角，如何確實施作仕口至關重要。

在鋼骨的框架結構中，柱與梁的仕口一般是製作托架來固定。托架是從柱或牆等的垂直面突出來的構材。

先將托架銲接到柱上，在現場以螺栓把梁接續在托架上。由於托架的銲接品質要有一定的可靠度，應該盡量在工廠進行。在不適合架設鷹架的地方，要進行向上銲接、橫向銲接等作業較困難，所以一般是在工廠銲接。雖然要將裝設了托架的柱堆積在貨車上並不容易，但與搬運效率相比，還是應該以銲接的可靠度為優先考量。

9

仕口‧繼手

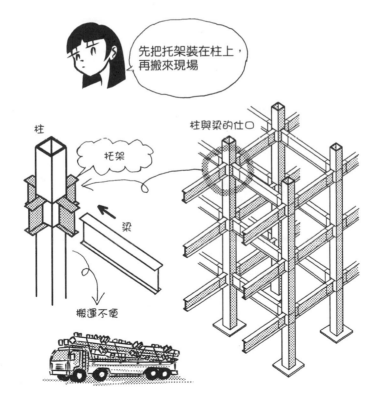

Q 如何進行柱與梁的組立作業？

▼

A 如下圖，先製作基礎，將裝有托架的柱立在基礎上，再把梁架設在托架
上。

基礎是以鋼筋混凝土製作而成，在基礎中先埋設用以固定柱的螺栓等。
用吊車吊起裝有托架的柱，固定在基礎上。

接下來，用吊車吊起梁，假固定在托架上。這項柱梁的組立作業稱為**架
設**（erection）。

連結柱梁之後，拉設鋼索，將水平、垂直向結合起來，牢牢固定。這項
作業稱為**鉛錘改正**（plumbing）。

將柱固定在基礎上，以及將梁固定在托架上的作業，幾乎都是利用鎖固
螺栓來進行，因為在現場進行的銲接品質有待商榷。

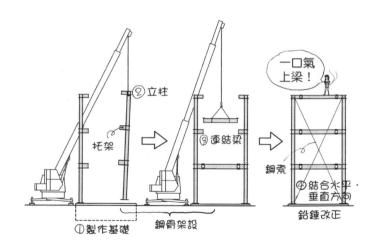

Q 隔板是什麼？

▼

A 如下圖，裝設托架用的鋼板。

diaphragm（隔板）的原意是分隔板。在柱上貫通柱的鋼板，稱為隔板。由於有橫越柱斷面的意思，也稱為**橫隔板**。

從外部來看，隔板只會突出不到3cm左右，但在柱的內部也是接在一起的厚鋼板。由於隔板突出來，柱看起來不夠簡潔，在設計上和細部收納上都會遇到問題。實施設計的初學者，要牢記隔板突出這項特性。

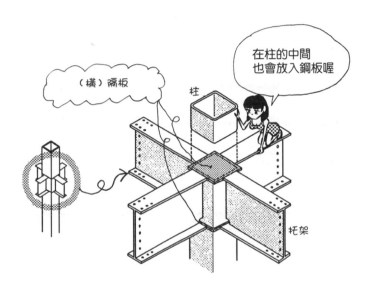

Q 為什麼需要設置隔板？

▼

A 為了使梁的力量順利傳遞到柱，讓柱不會凹陷損壞。

如果沒有隔板，就無法抵抗梁的彎曲力量，中空的柱馬上凹陷。因為柱是由薄鋼板製作而成，中間是中空的，如果鋼板直接裝在托架上，來自梁的彎曲力量，很容易讓柱的鋼板凹陷。

為了讓梁牢固地接續在柱上，只在接續部分用以補強鋼板的東西就是隔板。隔板在柱中會整個橫越柱體。

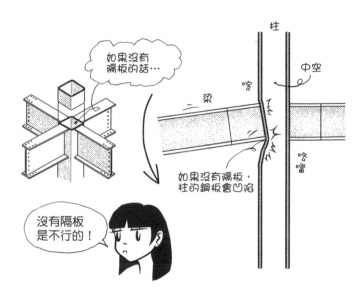

Q 組立柱梁仕口的順序為何？

▼

A 1. 銲接隔板與切割的短柱。
　2. 銲接托架。
　3. 銲接柱。

承接托架的鋼板＝隔板，也稱為橫隔板，貫穿整個柱。柱並非上下連通，而是自隔板往左右連通。

為了讓隔板通過，必須把柱切割。由於柱是在隔板的位置做切割，所以必須做成與托架相同高度的短柱。切短的短柱或柱＋隔板的結構，稱為「骰子」、「太鼓」、「核」、「交會區」（panel zone）等。

將骰子與隔板銲接後，進行托架的銲接。重覆骰子＋隔板＋托架的作業，以向下銲接的方式製作，最後銲接長柱。

仕口全部是在工廠製作。

　　骰子→隔板→托架→柱

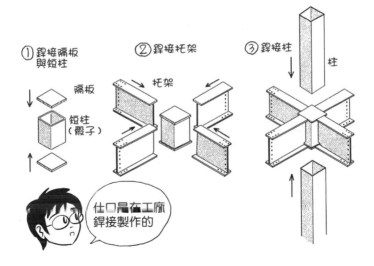

Q 內隔板是什麼？

▼

A 只設置在鋼管內部的隔板。

雖然隔板基本上都是橫隔板，但在接合不同梁高的梁的情況下，就需要內隔板（inner diaphragm）。

當梁高有微妙差異時，必須設置三段橫隔板。要把柱切短又要進行數處銲接，作業較困難。

這時在橫隔板與橫隔板之間，放入只設置在柱內部的隔板。由於是放在柱的內側，所以稱為內隔板。從外側無法檢查銲接的接縫，製作上要特別注意。

關於梁高的差別，也有一種是只有梁的一部分做成傾斜（下圖右）的情況。這種梁的端部傾斜者，稱為**梁腋**。

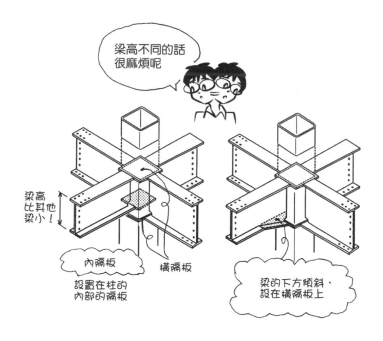

Q 外隔板是什麼？

▼

A 如下圖，只在柱的外側裝有鋼板的隔板。

外隔板（external diaphragm）不像橫隔板那樣必須把柱切斷，而是讓隔板由上方通過柱，再銲接固定。由於不需要切割柱，可以提高柱的結構可靠度。

然而，在柱的外側會有大片隔板外露，外裝材、樓梯、升降梯和管道間等的收納變得困難，所以不會使用在中小規模的建物上。

使用外隔板時，外隔板本身也擔負托架的作用，梁架設在外隔板上。外隔板就是托架與隔板一體化的設計。

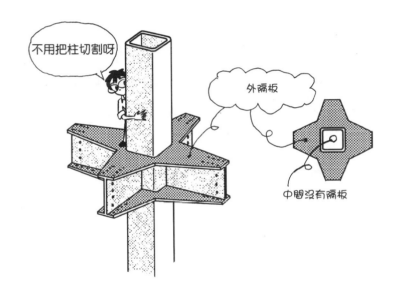

不用把柱切割呀

外隔板

中間沒有隔板

Q 柱為圓形鋼管時的仕口為何？

▼

A 如下圖，在圓形隔板上裝有H型鋼的托架等。

雖然說是圓形的隔板，但與H型鋼銲接的部分是做成直線狀。如果隔板與H型鋼兩者都是圓弧形，很難準確地接合。

和角形鋼管的情況一樣，圓形鋼管的隔板一般是橫隔板。鋼管的板厚較厚時，也會用外隔板。由於外隔板只有外側的板傳遞力量，所以隔板的厚度會變得很厚。

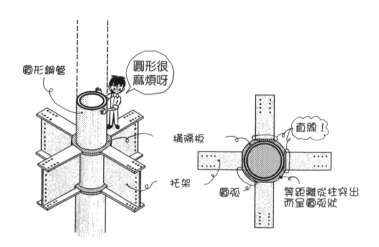

Q 如果柱在中途要彎折的話，該如何處理？

A 如下圖，中間夾著隔板來接合。

傾斜的柱之間要相互銲接較困難，這時會以在中間夾隔板的方式接合。

如果是同樣大小的柱，要以相同的角度接在隔板上，隔板呈傾斜狀。如果隔板保持水平，就會像下圖右一樣，上方傾斜柱的面會比下方直立柱的面突出。

柱中途彎折的設計，常是為了因應道路境界線、北側境界線等規定。如此一來，壁面也跟著彎折，屋頂也好、牆壁也好，都變成不確定的面，在收納和設計上是比較困難的部分。〔譯註：道路境界線：由建築物面前道路之中心線，以固定斜率至建築物之屋頂層為其高度限制；北側境界線：考量建築物北側臨地的日照範圍，而限制建物高度的規定〕

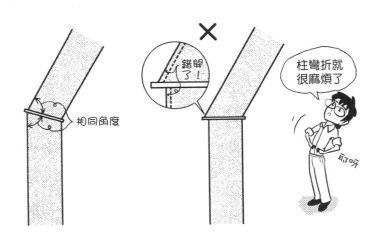

Q 柱梁的仕口可以省略隔板嗎？

A 可以。

可以使用**鑄鋼製仕口**現成品。仕口會承受力量，所以作為柱的補強，一般會加上橫隔板。由於隔板會突出柱外，看起來不美觀，在收納整平壁面時也需要較大的間距（clearance）。

集合不同梁高的梁的仕口，需要內隔板或梁腋，工程較複雜，外觀看來也不佳，因此開發出不需要隔板的現成品。

鑄鋼是指鑄物的鋼，先熔化後放入模具中成型製成。鑄物一般是無黏性的脆性材料，不會用在結構上，但可藉由調整熔化溫度和碳含量等，得到強度。做出模具後，就可以量產。

這個鑄鋼製品可以直接與翼板和腹板銲接。鑄物製品的上下加上肋板，讓背襯板易於設置，而且也可以得到預期的強度。由於沒有使用隔板而直接銲接，仕口較簡潔。

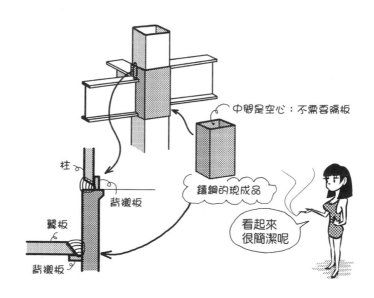

Q 框架結構的柱梁仕口是在哪個構材上加工製作開槽銲道？

▼

A 1. 若是短柱（骰子）與隔板銲接，在短柱的端部。
　2. 若是隔板與托架銲接，在托架的翼板端部。
　3. 若是隔板與柱銲接，在柱的端部。

重要的接合部會製作開槽銲道，進行開槽銲（全滲透開槽銲）。為了讓開槽銲道的形式便於向下銲接，以不干擾其他銲接部等的方向進行加工。

做最後的長柱銲接之前，要以上下輪流的方式進行向下銲接的作業。

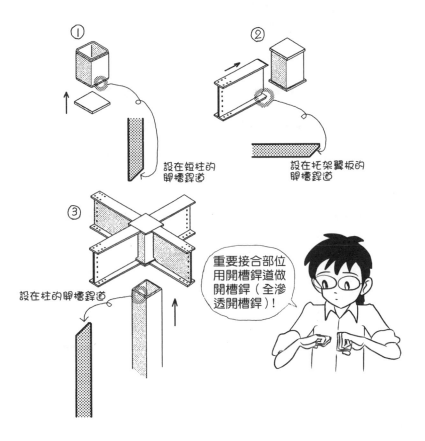

設在短柱的開槽銲道

設在托架翼板的開槽銲道

設在柱的開槽銲道

重要接合部位用開槽銲道做開槽銲（全滲透開槽銲）！

Q 背襯板是什麼？

▼

A 擋在開槽銲道的裡側，讓熔融金屬不要向下流出的小鋼板。

熔化的金屬流入開槽銲道時，由於下方有縫隙，熔化的金屬會流出去。因此，若進行開槽銲，會事先在開槽銲道的裡側設置背襯板（backing plate）。由於無法用接著劑來固定背襯板，便以簡單的銲接固定。

以下圖為例，由於翼板上設有背襯板，腹板配合銲接方便開了一個孔洞。因為腹板在此處會形成阻礙，讓背襯板無法通過。像這樣形成扇形的缺口，稱為**扇形孔**（scallop）。

銲接之後背襯板也與結構一體化，因此一般不會將背襯板移除。

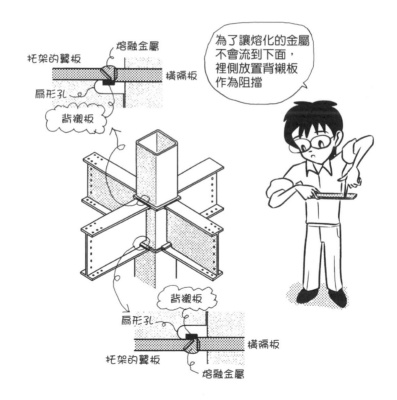

Q 改良扇形孔是什麼？

▼

A 如下圖，扇形孔的端部並非直角，而是呈圓弧狀缺口的扇形孔。

scallop 的原意是扇貝，像貝一樣的圓弧狀裝飾、圓弧狀缺口就稱為扇形孔。

在建築中，扇形孔是讓鉚接線不要重疊的開孔形式。如果鉚接重疊，容易產生鉚接的可靠度降低等情形。

一開始，扇形孔在翼板端部是以直角的方式開孔，但做成直角的話會讓力集中在那個部分，為了讓力分散才將端部改良為圓弧狀。此外，不設置扇形孔就鉚接的方法，稱為**無扇形孔**。

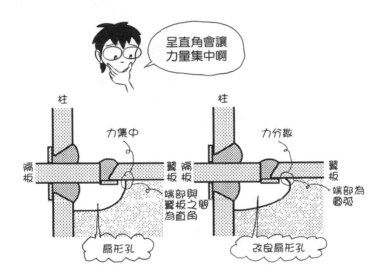

Q 導銲板是什麼？

▼

A 如下圖，裝設在銲接端部的小材料。

🟦 由於熔融金屬沒有完整填入銲道，或溫度與其他地方有差異等因素，銲
接端部是很容易形成銲接不良的部分。這時可以將銲接端部由銲接部向
外延伸，讓銲接部能夠達到完整的銲接品質。

為了讓銲接端部向外延伸，必須有切割得較長的背襯板和導銲板（end
tab）。end 是端部，tab 是指小部分的突出等。導銲板設置在開槽銲道
（銲接用溝槽）外側，作為銲道的延伸部分。

鋼製導銲板在銲接後可以直接附在上面，陶製導銲板則可以取下後重複
使用。

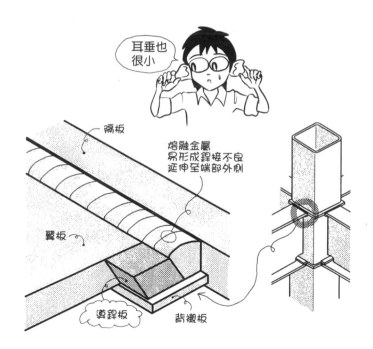

Q 托架的腹板如何與柱接合？

A 如下圖，進行填角銲。

🔲 翼板是以開槽銲（全滲透開槽銲）接合，腹板則是用填角銲。

　　翼板→開槽銲
　　腹板→填角銲

填角銲是將材料與材料的交角以熔融金屬接合的銲接方法。由於材料的接觸面沒有相互接合，不像開槽銲一樣形成一體化的結構。腹板承受上下移動的力量（剪力），不像翼板承受壓力和拉力，用填角銲便足夠。

腹板的接合方法還包括藉由從柱設置出來的角板（gusset plate，參見R184），以及利用高拉力螺栓接合。

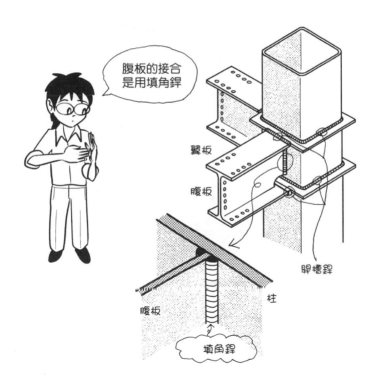

Q 隔板為什麼會突出於柱外約 25mm？

▼

A 為了輕鬆進行鉚接。

如下圖，如果隔板沒有突出柱外而與柱在同一平面，三個鉚接處太接近。熔融金屬和背襯板重疊在一起，相互干擾。如此一來，收整變得複雜，也很難維持鉚接的可靠度。

因此，隔板要向柱面外突出，一般是約 25mm。

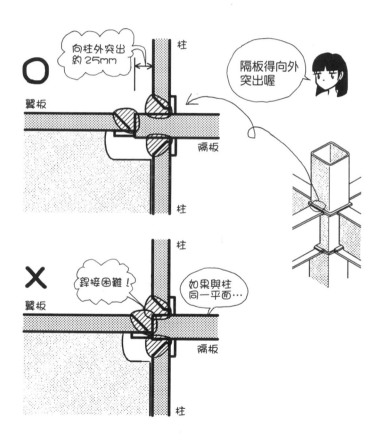

Q 托架端部、仕口接合部的H型鋼的形態為何？

▼

A 如下圖，腹板的部分比翼板長，翼板加工製作開槽鉗道以便進行鉗接。

腹板直接鉗接在柱上，翼板鉗接在隔板上。橫隔板突出於柱外約25mm，這個突出來的部分就是翼板比腹板短的原因。

若用開槽鉗把翼板鉗接在隔板上，必須先製作溝槽＝開槽鉗道。通常是將翼板側斜切。

腹板與翼板相交的部分，要有背襯板通過，需開設扇形孔。這也是為了讓兩處的鉗接不重疊在一起。

Q 梁接合在有內隔板的柱上時，H型鋼的翼板為什麼不會剛好靠在柱的邊緣？

A 如下圖，因為角形鋼管柱的角隅呈圓弧狀難以鉾接，以及內隔板的圓弧狀部分倒角而讓力難以傳遞等。

隔板要鉾接到柱內部的圓弧狀部分很困難，所以在隔板邊緣部分的鉾接很可能沒有效果。若要在這個邊緣部分鉾接翼板，力在這個部分變得無法傳遞。

若是使用內隔板，在設計上必須避開角隅的圓弧、倒角部分，讓翼板可以與之接合。因此，梁的翼板要設置在比柱面更往內側的方向。

此外，內隔板的鉾接檢查，要在橫隔板蓋上之前進行。一旦裝上橫隔板之後，就無法確認內部的鉾接情況。鉾接橫隔板→檢查的工程，包括鉾接內隔板→檢查→鉾接橫隔板→檢查。

再者，由於翼板直接鉾接在柱上，翼板面與內隔板面是否真的接合在一起，無法肉眼確認。設置內隔板會讓工程作業增加，隔板蓋上後也無法從外觀確認，可說是難度較高的作業工法。

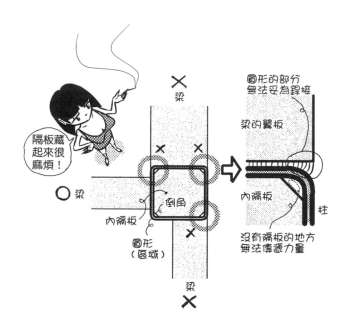

Q 外裝材的板為什麼要離柱面約40mm？

▼

A 因為要從突出於柱面約25mm的隔板再往外設置。

隔板會突出於柱面約25mm（參見R175）。配合結構設計，也有突出35mm的情況。如果柱與外裝材剛好接在一起，會直接碰撞到隔板，所以外牆的外裝材要設置在比隔板更外側的位置，其他外裝材則設置在更外側。

從隔板往外，取10mm或20mm間隙，讓柱面到外裝材的距離保持在40mm左右。ALC板（參見R244）的目錄建議留設35mm間距，即隔板的突出距離25mm＋距離隔板10mm＝35mm。

間距的英文clearance是餘裕、間隙的意思。初學者的圖面上常忘記隔板的突出距離，所以要留意外裝材的間距。

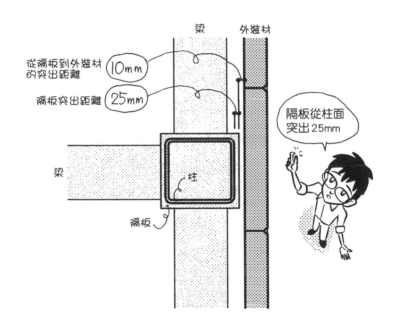

Q 梁設置在柱上的位置可以偏離柱中心嗎？

▼

A 可以偏離。

如果是橫隔板，從上方往下看時，翼板的端部到柱的端部，是可以偏離的。因為作用在翼板上的壓力和拉力，還是可以傳遞到柱。

如果是內隔板，如前所述，翼板不容易銲接到柱角的圓形部分（參見R177）。這時就無法讓梁與柱面緊密地接合在一起。

如果梁盡量靠近柱面的外側，可以讓外裝材的支撐變得較輕鬆。外裝所用的 ALC 板利用角鋼銲接到 H 型鋼的翼板時，可以用金屬構件設置間隔。在梁距離外牆較近的情況下，留設與外裝材距離的輔助材料也跟著縮短。

而且如果梁距離外牆較近，樓梯的設置也變得輕鬆，因為樓梯的部分就不需要再架設梁了。

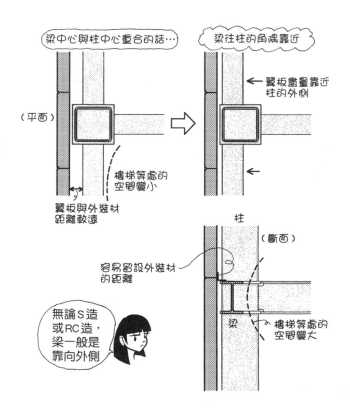

Q 柱的位置會配置在對應於外牆的什麼地方？

A 通常配置在內側。

在初學者的平面草圖中，經常看到把柱配置在牆的正中心。實際上，不管是S造或RC造的外牆，較常見的是把柱配置在稍微偏離的位置。如果了解這個原則，平面草圖簡單描繪也無妨。

如果牆中心與柱中心重合，柱形或梁形會向外突出，牆壁的外觀就會看起來凹凹凸凸。梁形會堆積灰塵，如果下雨很容易弄髒外牆。

在狹小的基地建造建物時，先決定外牆的位置，接著將柱往內側偏移配置。面積計算是以外牆的中心線為基準點。若是ALC板的話，是以它的中心線來測量；若是薄板，則以支撐薄板的C型鋼（帶緣溝型鋼）等的中心線來測量。

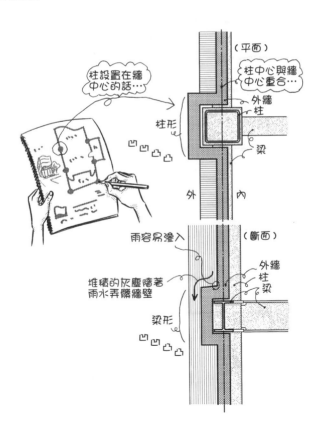

Q 梁與托架的繼手應該設在哪個位置？

▼

A 盡量設在彎曲力量不會作用到的位置。

梁的中央向下突出的地方有彎曲力量（彎矩）作用。朝下方突出表示下方的翼板承受拉力，上方的翼板承受壓力。如果在該處設置繼手，拉力和壓力的作用可能讓繼手崩壞。

梁的端部有向上突出的彎曲力量作用。和梁中央的情況一樣，在此處設置繼手很危險。

從柱往中央約跨距1/4的地方，是沒有承受彎曲力量的點。這裡的梁筆直，沒有向上或向下突出。在彎矩圖上，那是橫軸與曲線的交點，繼手可以設置在這裡。

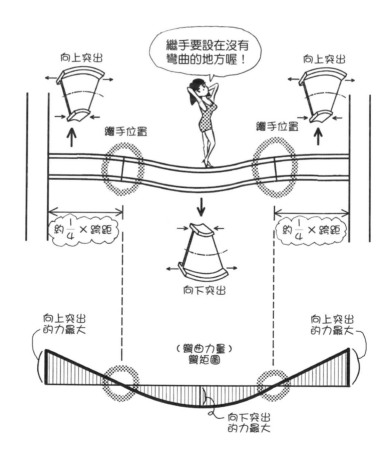

Q 如何把梁固定在托架上？

▼

A 用連接鈑（splice plate）和高拉力螺栓來固定。

splice有接續、接合的意思，plate則是鋼板。splice plate就是接合用的鋼板。

用連接鈑將梁與托架的翼板和腹板夾起來，在開好的孔洞中用高拉力螺栓鎖固。梁與托架之間，翼板對翼板，腹板對腹板，利用連接鈑和高拉力螺栓，以三明治夾法接合。

　　梁與托架的繼手→連接鈑＋高拉力螺栓

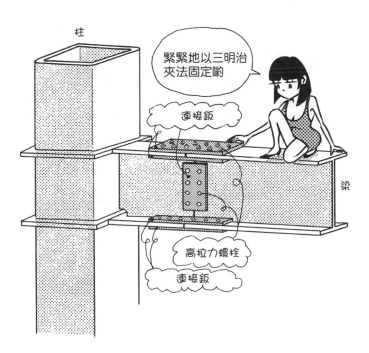

Q 填充板是什麼？

▼

A 在繼手部分，當材料的厚度有差異時，放入填補用的鋼板。

■ fill是填充之意，plate是板，filler plate就是填充間隙用的板（填充板）。

翼板等的厚度有差異時，如果直接夾入連接鈑，無法緊固，也無法產生摩擦力。這時就要在中間加入填充板，以便產生摩擦力。

當間隙超過1mm，才要加入填充板。若是1mm以下，連接鈑的彎曲可以填住間隙，而加入的鋼板過薄也可能因摩擦造成破損。

　　連接鈑→作三明治夾法的鋼板
　　填充板→填充間隙的鋼板

〔譯註：soup加上rice的發音
近於splice，發音的冷笑話〕

Q 角板是什麼？

▼

A 如下圖，固定梁或斜撐用的鋼板。

梁與柱之間有時只以鋼板來固定。在這種情況下，鋼板並沒有維持直角的力，而是藉由斜撐等作為補強，避免直角崩壞。像這樣有可能旋轉的接合部，稱為**鉸接**。相對於鉸接，直角不會崩壞的接合，稱為**剛接**。

將梁固定在柱上時，框架結構是以隔板＋托架來固定。斜撐結構是先將鋼板設置在柱上，再以螺栓來鎖固梁，這個設置用的鋼板就稱為角板（gusset plate）。

> 框架結構→隔板＋托架…剛接
> 斜撐結構→角板…鉸接

斜撐的接合部和小梁的接合部所設的鋼板都叫作角板，是固定結構材用的鋼板。

Q 柱梁的鉸接如何進行固定？

▼

A 用高拉力螺栓將梁的腹板固定於銲接在柱上的角板上。

H型鋼弱軸側（參見R094）的接合，是用高拉力螺栓將梁的腹板接合到角板上，翼板與柱之間則留設一段距離。這是為了讓作用在翼板上的拉力和壓力不會傳遞到柱。在角板的上下位置，設置水平加勁板補強。

鉸接讓梁的彎曲力量不會傳遞到柱。如果像框架結構的梁那樣用剛接的話，弱軸側的柱可能無法抵抗強力的彎曲力量。

大梁（G梁）與小梁（B梁）的接合部也是使用角板的鉸接。

　　角板→鉸接
　　隔板→剛接

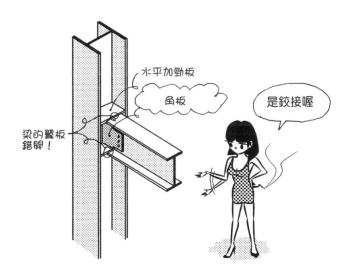

水平加勁板

角板

是鉸接喔

梁的翼板錯開！

Q 加勁板是什麼？

▼

A 如下圖，為了強化翼板、腹板等而裝設的鋼板。

stiffen 是強化的意思，stiffener 則是用以強化的物品。加勁板（stiffener）就是用以強化而加入的鋼板。

如果小梁只用角板來與大梁連接，腹板恐怕會彎曲變形。這時通常會在角板的反側裝設加勁板來補強。

> 隔板　→將梁固定在柱上用的鋼板
> 角板　→將小梁固定在大梁上或將斜撐固定在柱上等用的鋼板
> 加勁板→增加強度用的鋼板
> 連接鈑→在繼手部分用三明治夾法以高拉力螺栓鎖固用的鋼板

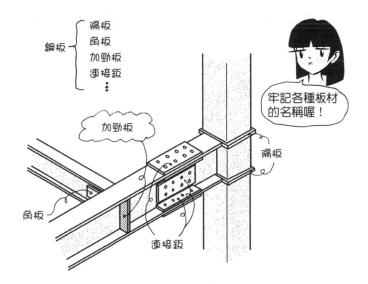

Q 鋼板在圖面中的符號是什麼？

A 如下圖，P和L重疊而成的符號。

隔板、連接鈑、填充板、角板、加勁板、柱底板等，全部以鋼板製作而成。雖然有各種不同的名稱，而且根據部位有時材料規格各異，但不變的是這些全都是鋼板。在圖面中寫出「鋼板」兩字很麻煩，所以常寫成P和L重疊而成的符號。有時加上角板G、連接鈑S、柱底板B的縮寫。

以下圖為例，這是樓高約3.5m、跨距約7m的兩層樓診所鋼骨圖。PL指鋼板，GPL指角板、BPL指柱底板，後面接著的數字表示板厚。

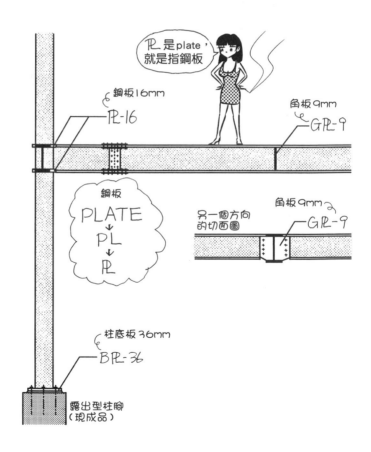

Q 組立板片是什麼？

▼

A 如下圖，作為柱的繼手而從柱突出的鋼板。

 erect是使之豎立的意思，erection piece是讓柱豎立用的零件（組立板片）。柱的繼手是在柱的四邊（較小的柱為兩邊）將組立板片銲接上去。

組立板片相互接合，以連接鈑做三明治夾法，並用高拉力螺栓鎖固。固定好之後，進行開槽銲（全滲透開槽銲）。為了讓銲接順利進行，組立板片設置扇形孔。最後用瓦斯噴槍切割組立板片後完成。

除了銲接之外，柱的繼手也有使用現成品以螺栓接合的方式。

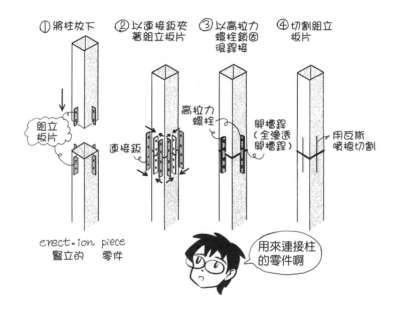

Q 套筒是什麼？

▼

A 為了讓配管等線路通過，在梁或牆壁上開設的孔洞。

sleeve 是西式服裝的袖子；而在建築中，就像手穿過袖子一樣，讓配管通過用的孔洞，便稱為套筒（sleeve）。

鋼骨梁開設套筒時要特別注意。決定套筒位置時，除了不要與仕口和繼手重合之外，也要避免太靠近。翼板上絕對不能開設讓縱管通過的套筒，因為梁是用翼板來抵抗彎曲，在翼板開洞的話就無法支撐重量，所以基本上是開設在腹板。

套筒是用鋼板或導管來補強。鋼板的厚度要比腹板厚，孔洞的大小要在梁高的0.4倍以下。

將配管等線路放置在梁下，而不設置套筒的「無套筒」是最佳作法。實施設計時為了同時進行構想、結構和設備，結構與設備的配合後續仍需想方設法完成。管道間常設置在柱的周圍，套筒的處理也有諸多需思量的地方。配管類的收納方式從基本設計階段就要一併考量。

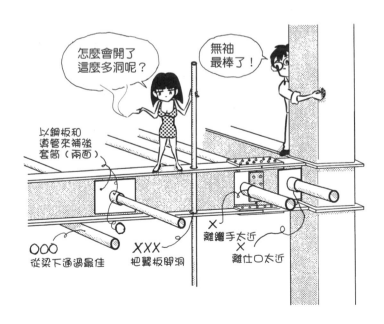

Q 如何把斜撐固定在柱、梁上？

A 用高拉力螺栓等固定在裝設於柱、梁的角板上。

斜撐是防止柱、梁形成平行四邊形而加入的斜撐材。不管是以輔助形式加入框架結構中，或整體都加入斜撐的斜撐結構等，設置方式一樣。

如果是H型鋼柱，角板銲接到腹板上，水平加勁板則裝設在角板的上下位置做補強。

如果是角形鋼管，就像貫穿柱一樣設置角板，或加入內隔板。如果只在角形鋼管的表面安裝角板，可能會讓柱表面的鋼板產生凹凸不平的現象。

斜撐的中心最好設計成正好通過柱梁中心的交點。因為如果中心錯開，很容易產生使之旋轉的力矩。

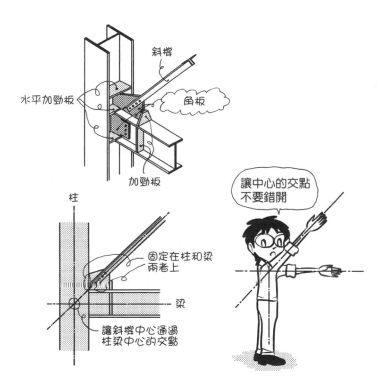

Q 斜撐是用哪種鋼材製作的？

▼

A 用圓型鋼、平鋼、山型鋼和溝型鋼等製作。

使用圓型鋼時，先將小塊鋼板銲接成魚尾板，再在上面開孔，裝上高拉力螺栓。若是平鋼、山型鋼和溝型鋼，直接在上面開孔做成斜撐。如果是大規模建物，有時用H型鋼來製作斜撐。

圓型鋼和平鋼的斜撐彎曲時，可能在平面上產生膨拱現象。另一方面，山型鋼和溝型鋼是L型或ㄈ字形斷面，所以不必擔心產生膨拱。然而，由於斜撐的幅度較廣，必須注意與其他構材之間的裝設和組合。

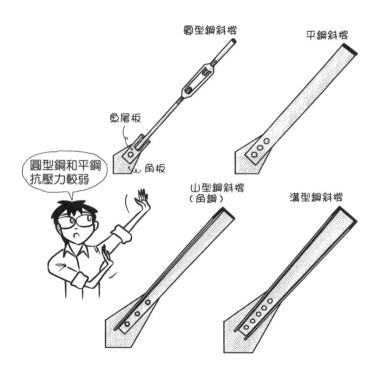

Q 套筒螺釦是什麼？

▼

A 在圓型鋼斜撐上用以調節斜撐的金屬零件。

buckle原意是固定皮帶、靴子等的金屬零件。turnbuckle（螺釦）是指會旋轉（turn）的金屬零件（buckle），也就是用旋轉的方式來旋緊或放鬆螺旋。

在圓型鋼的螺旋中，一方為反方向設置，如此一來，旋轉套筒螺釦時，就可以將兩方同時旋緊或放鬆。

依形狀的不同，分為分離式和管線式套筒螺釦。就設計上來説，管線式套筒螺釦看起來比較簡潔，而且幅度較小，降低其他構材干擾的可能性。

有時會發生支撐牆壁的間柱或結構體外緣與斜撐或套筒螺釦相碰的情形，因此在設計階段就要確認相互之間可以留設多少間距。

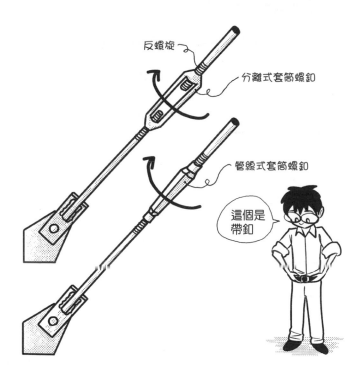

反螺旋

分離式套筒螺釦

管線式套筒螺釦

這個是帶釦

Q 圓型鋼斜撐可以不要設置套筒螺釦嗎？

▼

A 可以。

如下圖，只固定在角板上，利用兼作套筒螺釦與接合部的鑄物金屬構件就可以。在斜撐的兩端設置這種金屬構件，旋轉圓型鋼後就可以旋緊或放鬆。此時兩邊都以反螺旋的方式設置。

鑄物是指將鑄鐵熔化後放入模具硬固製成的東西。鑄物通常較脆易壞，但用於結構的鑄物是用高溫製造等方式使之產生所需的強度。

中央部分沒有套筒螺釦，只有圓型鋼，外觀上較簡潔，適合用於外露式設計。

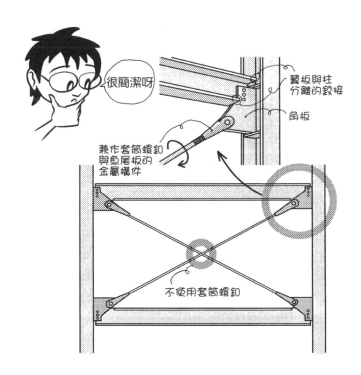

Q 摩擦接合是什麼？

▼

A 利用高拉力螺栓的強力接續，鋼板相互之間產生很強的牽引力量，在鋼板面形成很強的摩擦力，以完成接合的方式。

以普通螺栓鎖固時，螺栓軸要抵抗鋼板的剪力作用。另一方面，若以高拉力螺栓鎖固，就不是由螺栓軸來抵抗，而是用鋼板面產生的摩擦力，這便是摩擦接合（friction joint）。下圖是普通螺栓接合與高拉力螺栓摩擦接合的示意圖。

托架與梁的接合部分，藉由高拉力螺栓很強的拉力，可以用兩塊連接鈑夾著翼板或腹板。在鋼板面產生摩擦力，利用這個摩擦力來抵抗拉力、壓力等，完成梁的接合。

接合面不必進行防鏽塗裝，因為紅鏽可以產生摩擦力。塗裝之後表面平滑，摩擦力反而變小。用高拉力螺栓鎖固後，在現場進行接合面以外的防鏽塗裝作業。

　　　高拉力螺栓→摩擦接合→接合面不進行防鏽塗裝

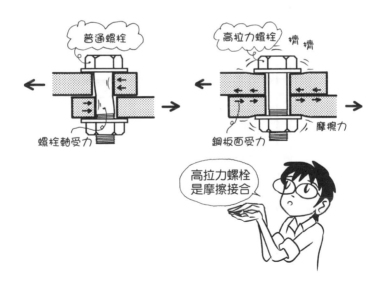

Q 高拉力螺栓的圖面表記是什麼？

▼

A HT或HTB。

一般是以高拉力螺栓的英文high tension bolt的縮寫HT或HTB來表記。high tension是很強的拉力的意思，譯為高拉力。

M20是指直徑約20mm的螺栓。螺栓為螺旋狀，斷面直徑依所切位置不同而改變，大約都是20mm。為了配合ISO（國際標準化組織）的標準規格，取metre的字首M表示。

HT4-M20是直徑20mm的高拉力螺栓4根的意思，有時也會寫成HTB4-M20，或只寫4-M20。

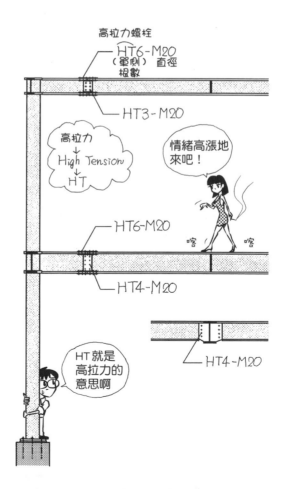

Q 扭剪型高拉力螺栓是什麼？

A 藉由長尾部（pintail）的斷裂知道螺栓鎖固完成，利用機械進行鎖固作業的高拉力螺栓。

 pin是細長的東西，tail則是尾巴的意思。pintail就是細長的尾巴，這裡是指螺栓的尾端部分。

利用機械鎖固時，以預定的力矩（扭力＝旋轉力）將長尾部扭轉至斷裂。斷裂後就表示鎖固完成，也就是在斷裂之前都要旋轉。

雖然也有手動鎖固的高拉力六角螺栓，但一般是用扭剪型（torshear type）高拉力螺栓。

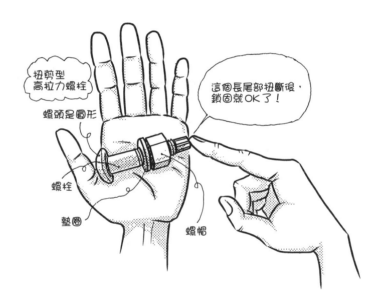

Q 扭剪型高拉力螺栓的螺帽為什麼是在H型鋼的上方和下方位置？

▼

A 因為鎖固的機械（衝擊扳手〔impact wrench〕）很難進入翼板內部作業。

通常是以螺栓的螺頭在翼板內側、螺帽在外側的方式來配置。鎖固作業是用稱為衝擊扳手的機械來進行。

如果是大型H型鋼沒有問題，但用在小型H型鋼就會發生衝擊扳手與腹板相碰，無法順利進入翼板內側作業的情況。這時會在翼板的外側，H型鋼的上方和下方位置以螺帽鎖固。從下往上看，就是螺帽與螺栓的螺旋並排。

若是鋼骨外露的設計，螺栓的圓頭出現在翼板外側為佳，設計上較簡潔。衝擊扳手無法進入卻又需要旋轉螺帽時，可以使用手動旋轉的高拉力六角螺栓。

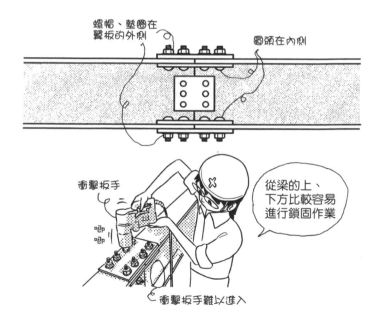

Q 如何區別螺帽和墊圈的正反面？

▼

A 有倒角者為正面。

墊圈是為了容易旋轉螺帽，以及旋轉螺帽時不傷及母材而使用的零件。如果直接在材料上旋轉螺帽，容易發生卡到材料無法旋轉或傷及材料的情況。

螺帽和墊圈有正反面之分，形狀和表面加工正反面不同，必須注意使用時不要弄反。有時正面會附有印記做區別，即使沒有也可以查看是否有倒角，馬上就可以知道。倒角是指將角隅的部分斜切，木造的柱上也常使用倒角。螺帽和墊圈若有倒角，在正面會出現一圈圓環狀。看到圓形，就知道那一面是正面。

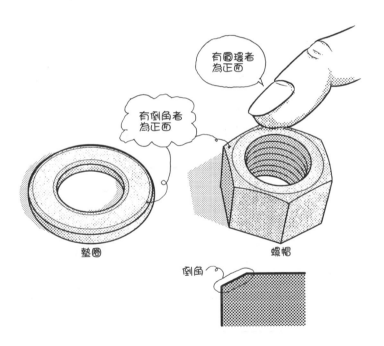

Q 螺栓在全鎖緊之前為什麼要進行標記？

▼

A 為了可以馬上確認是否有共轉現象。

鎖固螺栓時，先以一次鎖緊簡單固定，最後在長尾部切斷之前進行全鎖緊，而在全鎖緊之前要進行標記。

　　一次鎖緊→標記→全鎖緊

將螺栓的軸、螺帽、墊圈、母材等四個部分以直線標記。如此一來，全鎖緊之後螺栓與螺帽是否有產生共轉，一目瞭然。

所謂的共轉，是指螺栓與墊圈或螺帽一起旋轉的現象，會造成鎖固不完全。如果發現有共轉現象，就要換掉螺栓重新鎖固。至於標記，是從螺帽的某一角拉出直通上下的標記線。從中心往角方向所拉的直線，是最長且最容易看出旋轉角度的畫法。

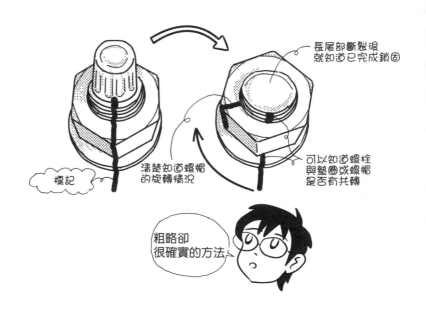

長尾部斷裂後就知道已完成鎖固

標記

清楚知道螺帽的旋轉情況

可以知道螺栓與墊圈或螺帽是否有共轉

粗略卻很確實的方法

Q 螺栓群的鎖固順序為何？

▼

A 翼板的話是從中央往外側進行鎖固，腹板的話是從上往下進行鎖固。

進行組立時，用連接鈑夾著翼板、腹板，假鎖固簡單連接後，以一次鎖緊、標記、全鎖緊的順序進行。全鎖緊的順序是以從中央往外側、從上往下的方式平衡地進行。翼板中央的螺栓特別重要，因為靠近梁與托架的分歧點。

腹板則是上方的螺栓特別重要，因為上方承受拉力，下方承受壓力。受壓時接合部之間相碰不會錯開，若受拉就可能錯開。

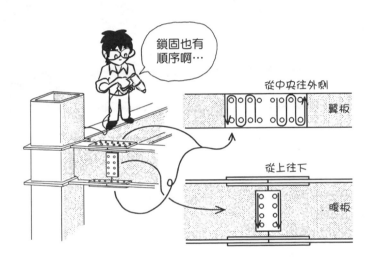

鎖固也有
順序啊…

從中央往外側
翼板

從上往下
腹板

Q 角形鋼管柱的大小（厚度）約是跨距的幾分之一？

A 1/14左右（1/13～1/15）。

跨距的英文 span 有間隔的意思，在建築中，跨距是指柱到柱之間的間隔、梁等橫架材支點之間的距離。柱的一邊長度稱為柱徑。

五層樓以下的S造建築的柱徑約為跨距的1/14左右，RC造則為1/10～1/12左右，所以S造的柱可以做得比RC造的柱細。

若跨距為7m，柱徑為7000/14 ＝ 500mm左右。500mm柱徑的角形鋼管，寫成□-500×500，也有在500×500之後加上厚度的寫法。

正確地説，結構設計者計算求得的柱徑可以稍小，但在設計上是使用大略的尺寸1/13、1/14、1/15。

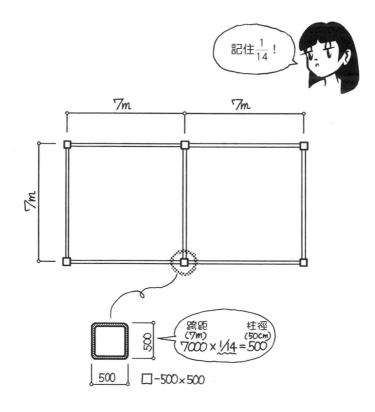

記住 $\frac{1}{14}$ ！

Q 梁的高度約是跨距的幾分之一？

▼

A 1/14左右（1/13～1/15）。

🔷 梁高的情況和柱一樣，使用 1/13、1/14、1/15。若跨距為7m，梁高約為 500mm。梁寬不到梁高的一半。

H型鋼是工廠的製成品，不像RC造一樣可以自由決定尺寸。雖然也可以銲接鋼板製作H型鋼，但一般是從製造商型錄中選用。梁高500mm的H型鋼，梁寬約為200mm。

梁高500mm、梁寬200mm的H型鋼，表記為H－500×200，也有在500×200之後加上「×腹板厚×翼板厚」的寫法。

　　S造的柱徑、梁高→ 1/13～1/15

10

地板

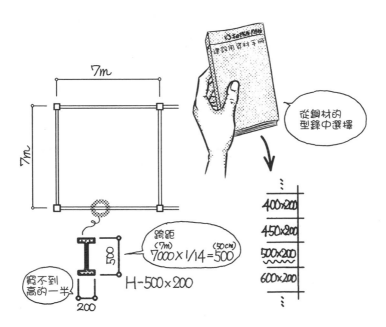

Q 大梁與大梁之間為什麼要加入小梁？

▼

A 為了不讓地板產生凹陷。

如果在大梁之間直接架設地板，地板容易凹陷。S造的地板，可以利用將鋼板彎折成凹凸狀的鋼承鈑（deck plate，參見R212），或以混凝土板架設在梁上製作而成。不管是鋼承鈑或混凝土板，架設在梁上的跨距都有一個適當值，太長就會產生凹陷。

若跨距太長，就要加入小梁補強。大梁之間的跨距若為7m，如下圖，需放入兩根小梁，讓跨距變成2m多。小梁使用比大梁稍微小一些的H型鋼。大梁若用H-500×200，小梁則用H-450×200左右。決定梁的斷面尺寸時，必須進行結構計算。

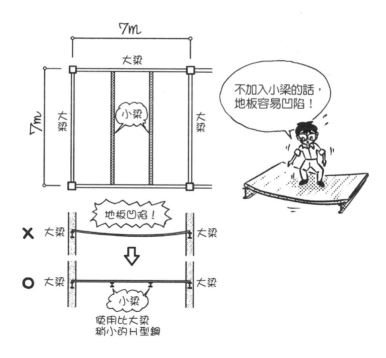

Q 大梁與小梁之間、小梁與小梁之間為什麼要放入直交的構材？

▼

A 為了讓梁不要產生左右彎曲、扭曲等現象。

梁的H型鋼結構是抵抗上下彎曲的力量強，抵抗左右彎曲或扭曲的力量弱。由於翼板使用在上下部位，對於左右的彎曲或扭曲，難以用翼板來抵抗。梁一邊扭曲一邊往橫向彎曲的現象，稱為**橫向挫曲**（lateral buckling）。

為了防止橫向挫曲，放入與梁直交的H型鋼等。小梁也擔負了這個角色，或如下圖增添新鋼材。防止橫向挫曲用的材料，稱為**橫向加勁板**（transverse stiffener）。

大梁若為H - 500×200，小梁為H - 450×200，橫向加勁板則為H - 300×150左右。若要決定正確的斷面，當然必須經過結構計算。

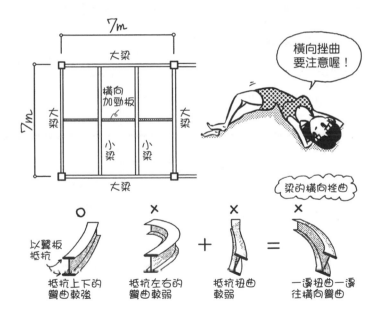

Q 如何架設跨距約20m的梁？

▼

A 單邊為長跨距時，另一邊設置為短跨距來解決。

🔲 如果x、y方向都是長跨距，必須使用特殊的柱梁設計。如果只有y方向特別長，x方向就要設計為加入柱緊密排列。

下圖是辦公室常用的3.2m跨距和其6倍長的19.2m長跨距結構。單邊以3.2m短跨距緊密排列柱，另一邊則是近20m的長跨距。

若柱為□-700×700，大梁可以假設為H-700×300、小梁為H-350×175。這些數值僅供參考，要做結構計算才能求出正確的斷面。

建造地下停車場時，3.2m的跨距也是便於配置車輛位置的尺寸。即使RC造的柱再粗，3.2m×6.4m都可以容納一輛車。

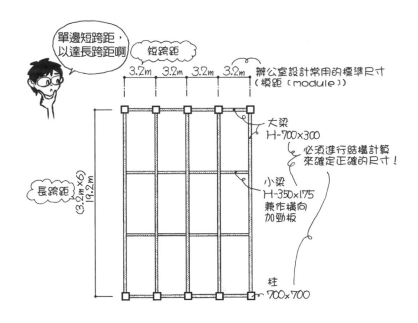

Q 框架結構的地板會加入斜撐嗎？

A 會。

牆壁沒有加斜撐，反而是地板加入斜撐的例子，所在多有。如果地板本身的剛性（硬度）不足，無法維持直角，由上往下看就會變形成平行四邊形。

下圖為四層樓S造集合住宅的二樓梁俯視圖（梁的平面圖也是地板俯視圖）的一部分，跨距約3m×8m。大梁（G梁）下方的翼板與角板銲接，再設置斜撐固定。若在上方的翼板設置斜撐，會碰撞到小梁（B梁）。

斜撐使用Ø19（直徑19mm）的圓型鋼（圓形斷面的鋼材），魚尾板金屬構件使用FB-6×65（平鋼），角板使用PL-6（厚6mm的鋼板），以2-M20（螺栓直徑20mm×2根）固定，用套筒螺釦鎖固，以維持地板的直角。

地板的斜撐可能與放置在天花板的設備機器衝突，所以設計時要留意檢查。依情況不同，斜撐也可能固定於上方的翼板。這時小梁上就必須掛設斜撐。

梁上裝設柱螺栓，在鋼承鈑上確實地與鋼筋組合成地板，有時可以省略斜撐。

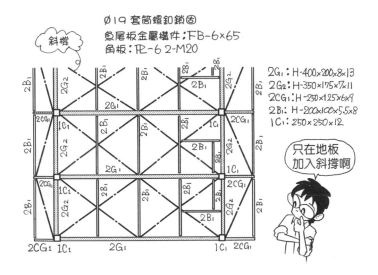

Ø19 套筒螺釦鎖固
魚尾板金屬構件：FB-6×65
角板：PL-6 2-M20

2G₁：H-400×200×8×13
2G₂：H-350×175×7×11
2CG₁：H-250×125×6×9
2B₁：H-200×100×5.5×8
1C₁：250×250×12

只在地板加入斜撐啊

Q 地板高程（高度）相同時，梁的上方要對齊嗎？

▼

A 要。

地板高度相同時，一般會讓梁的上方對齊，在上面架設鋼承鈑（凹凸狀彎曲的鋼板）或混凝土板，做成地板。

木造在來構法的梁組，梁上方通常沒有對齊。但S造、RC造的梁上方對齊，對初學者來說比木造容易了解。

大梁（G梁）、小梁（B梁）的高度通常不同，小梁的上方要與大梁的上方對齊。

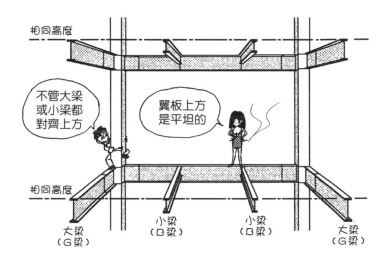

Q 小梁上端會突出於大梁上端嗎？

▼

A 會。

基本上，大梁、小梁的梁上端（頂端）對齊，在上方橫跨架設樓地板。然而，視情況而異，有時只有小梁稍微突出，樓地板只架設在小梁上。

下圖為跨距約 8m×3m、樓高約 3m 的四層樓集合住宅，其二、三、四樓的鋼骨圖。一邊為長跨距 8m，另一邊為短跨距 3m，像橫跨短跨距一樣以約 2m 的間隔加入小梁。鋼承鈑（參見 R212）只架設小梁。大梁的上方以其他構材補足高度。

小梁之所以比大梁提高 50mm，是為了避免大梁繼手的螺栓碰撞到鋼承鈑的關係。

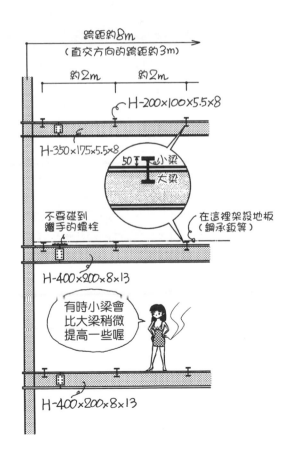

Q 地板降低時，梁上方可以下降嗎？

A 可以。

　下圖為跨距約 8m×3m、樓高約 3m 的四層樓集合住宅，其三樓和四樓外走廊部分的鋼骨圖。居室與外走廊的地板高程有落差，外走廊的梁上方降低了 100mm。

　由於梁高不同而形成段差時，仕口會變得複雜，需要利用內隔板和梁腋來設置。

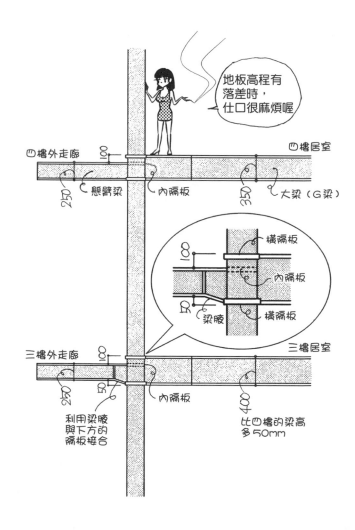

Q 以ALC板作為地板時，為什麼要在大梁上放置增高材料？

▼

A 為了防止板碰撞到螺栓的螺頭。

在梁的繼手位置上，連接鈑和高拉力螺栓都比翼板更突出。為了讓ALC板可以平整鋪設，必須將整體提高到超過高拉力螺栓的螺頭。

大梁上以C型鋼（帶緣溝型鋼）C - 100×50×20×3.2等設置，提高約50mm。螺栓或連接鈑位置所需的高度，以C型鋼補足。小梁則在角板的位置提高50mm，與大梁對齊。

ALC板長邊的接縫設置Ø9mm的接縫鋼筋，鋼筋穿過銲接在梁上的金屬零件，讓板牢牢固定在梁上。地板用ALC板有上下側之分，上側的接縫部有谷狀凹陷。

板以兩端點作為支撐，中央沒有加入支撐。如果以三點來支撐，恐怕會從中央部位開始損壞。

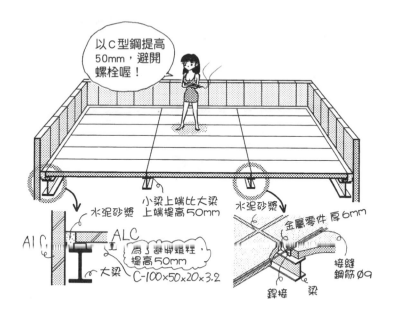

以C型鋼提高50mm，避開螺栓喔！

小梁上端比大梁上端提高50mm

水泥砂漿

金屬零件 厚6mm

水泥砂漿

ALC

為了避開螺栓提高50mm

大梁

C-100×50×20×3.2

接縫鋼筋 Ø9

銲接　梁

Q ALC板地板一定要加入斜撐嗎？

▼

A 一定要。

🔲 以ALC板排列而成的地板，本身沒有防止變形為平行四邊形的力量，也就是表面為非剛性，必須以結構體的側邊來固定面的部分。因此，一般會加入斜撐。

鋼承鈑製作而成的地板，附有柱螺栓、鋼筋等，樓板本身就具有剛性（參見R219）。以ALC板製成的地板，ALC板移動時各個板脆弱易壞，無法期待表面能夠固定。

斜屋頂的樓板若以ALC板製作，同樣需要加入斜撐。如果順著傾斜方向在縱長部分使用ALC板，凹陷時會在中央形成水窪，所以鋪設時應該使用與水流方向長邊直交的橫向板。

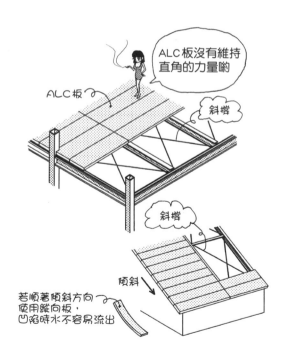

Q 折板結構在一般建物中是用於哪些地方？

▼

A 用在樓板或屋頂等部分。

輕薄的紙沒有強度，但把它彎折成凹凸狀，就會產生強度。支撐地板的鋼承鈑和折板屋頂，就是應用這項原理。

鋼承鈑是將鋼板彎折成凹凸狀而成，固定在鋼骨梁上做成地板。鋼承鈑的上方一般會澆置混凝土。集合住宅、辦公大樓等許多建物都會使用鋼承鈑。

折板屋頂則是把薄鋼板彎折成凹凸狀的屋頂材，把它架設在梁上便可完成屋頂。這種屋頂材用於工廠、倉庫、車庫和公寓等單價低的建物。

在S造中，幾乎沒有建物整體都以折板結構建造的例子，大多是部分使用鋼承鈑或折板屋頂等的製成品，或用在獨棟住宅的屋頂等。

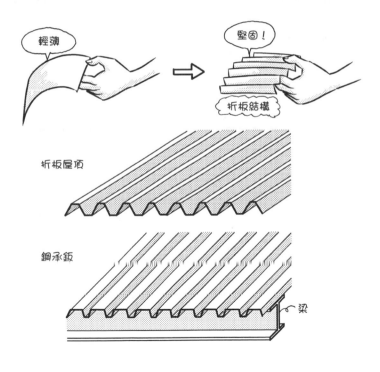

Q 鋼承鈑與基礎板有什麼不同？

A 與鋼承鈑相較，基礎板（keystone plate）波形較小、板厚較薄，且正反面的凹凸度幾乎相同。

鋼承鈑是將鋼板做成凹凸狀來產生強度，為製作地板用的結構材。一塊鋼板可以輕鬆彎折使用，但做出凹凸狀，形成折板結構，抵抗彎曲的力量更強。

凹凸度相同的鋼板是基礎板。與鋼承鈑相較，基礎板波形較小、板厚較薄，正反面的凹凸形狀幾乎相同。

基礎板用在屋頂、牆壁和地板。使用在地板時，與鋼承鈑相比，基礎板跨距較短、面積較小，常用在木造公寓的外走廊或臨時建物的地板等。

上述為大致的區別，不管是鋼承鈑或基礎板，都有眾多製造商生產的許多製品和樣式。決定地板的結構材時，必須從製造商提供的樣式中慎選。

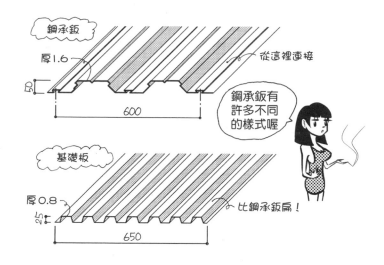

鋼承鈑
厚1.6
50
600
從這裡連接

鋼承鈑有許多不同的樣式喔

基礎板
厚0.8
25
650
比鋼承鈑扁！

Q 鋼承鈑跨距的測量方向為何？

▼

A 在與波形直交的方向架設梁，梁的間距即為跨距。

與鋼承鈑波形直交的方向不會產生彎折，但平行方向很容易就會彎折。因此，鋼承鈑的架設方向為波形與梁直交的方向，而這個梁的間距即為跨距。

用彎折成凹凸狀的紙來思考，就很容易了解。架設在與波形平行的方向時，紙很容易從中央出現彎折現象。抗彎較強的一方稱為強邊方向，較弱的一方為弱邊方向。

以2.7～3m的跨距架設時，與鋼承鈑的波形方向直交的梁以2.7～3m的距離並排。不管是大梁或小梁，只要有2.7～3m的跨距，就可以架設鋼承鈑。跨距隨各製造商的鋼承鈑樣式而定。

鋼承鈑對梁的嵌入深度（可以承載多少的尺寸）一般為50mm以上。不管是與波形直交或平行的方向，都是以50mm以上的嵌入深度，設置在梁上。

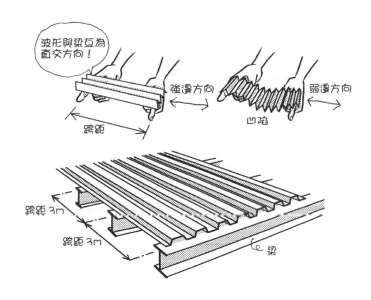

Q 鋼承鈑設置在連接鈑和高拉力螺栓等突出於梁上的部分時，該如何作業？

A 切割鋼承鈑，裝上受底板後，設置在上方。

由於螺栓的部分比翼板更突出，不能直接把鋼承鈑設置在上方，而必須用瓦斯噴槍切割一部分鋼承鈑。

如果只是切割，鋼承鈑無法架在梁上而會向下凹陷。這時要在梁的翼板上銲接承接鋼承鈑用的材料，也就是鋼承鈑的支承材（受底板）。

在柱的周圍等沒有放置鋼承鈑的翼板的部分，銲接支承材。受底板可使用厚 9mm、寬 65mm 的平鋼（FB-65×9）等。

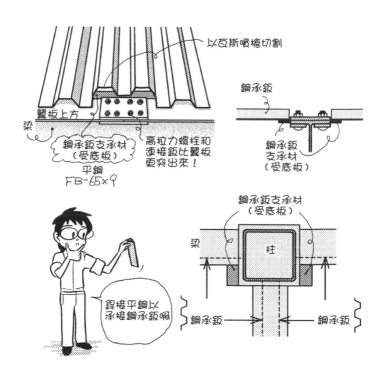

Q 如何把鋼承鈑固定在梁或鋼承鈑支承材上？

▼

A 一般以塞孔銲接固定。

如果只是把鋼承鈑放在梁上，一定會滑動掉下來。為了牢牢地把鋼承鈑固定在梁上，必須在翼板上銲接支承材。

從下方銲接的效率很差，也容易銲接不完全，因此從上方進行銲接。為了從上方銲接，一開始會用電弧的熱在鋼承鈑上銲出小孔洞，再將熔融金屬像是螺栓一樣埋設在孔洞中，藉此將梁的翼板與鋼承鈑銲接在一起。由於是銲出孔洞填塞而成，所以稱為塞孔銲接。

一般可用電弧電銲機來作業，另外也可以使用塞孔銲接專用的電銲機（電弧點銲槍〔arc spot gun〕）。

銲接柱螺栓（參見R219）時，因為是銲出孔洞將柱螺栓與翼板和鋼承鈑銲接起來，所以也同時完成了鋼承鈑的固定。

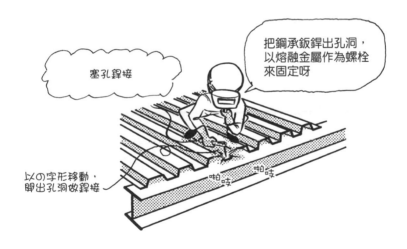

塞孔銲接

把鋼承鈑銲出孔洞，以熔融金屬作為螺栓來固定呀

以の字形移動，銲出孔洞做銲接

啪吱　啪吱

Q 如何畫鋼承鈑斷面圖？

▼

A 如下圖，分為與波形平行相切和直交相切兩種畫法。

🔷 和木造的地板格柵一樣，根據切口方向不同，可以看見波形的橫斷面或是看見呈一條線。

如果是一條線，畫的是鋼承鈑凹陷處，突起處則是以虛線表示。因為突起處埋在混凝土中看不到，所以要畫成虛線。畫斷面圖時，需注意鋼承鈑的切口方向。

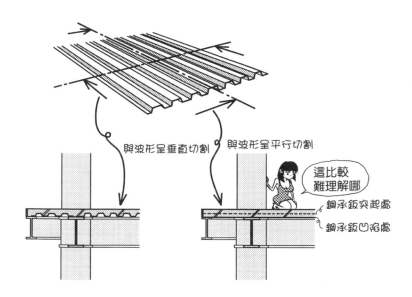

與波形呈垂直切割　　與波形呈平行切割

這比較難理解哪

鋼承鈑突起處

鋼承鈑凹陷處

Q 鋼承鈑鋪設好之後的作業是什麼？

▼

A 一般是鋪設銲接鋼線網（wire mesh，舊稱點銲鋼絲網），讓鋼筋稍高於鋼承鈑，再澆置混凝土。

銲接鋼線網是用直徑6mm（Ø6）左右的圓型鋼，以100mm左右的間隔交叉銲接組成的正方形網格（Ø6-100×100），用以防止混凝土產生龜裂。

雖然鋼筋依照結構種類不同而有各式各樣的形式，但表面凹凸不平的**竹節鋼筋**（deformed bar），要用直徑10mm以上（D10），以200mm左右的間隔縱橫排列（D10-200×200），讓混凝土能夠以板的形式來承受力量。

鋼承鈑上方要澆置80～85mm以上的混凝土，有時也會以輕石砂礫做成的輕質混凝土進行澆置。不過澆置較厚重的混凝土，地板的振動聲響比較不容易傳遞出去。

鋼筋的種類或混凝土的厚度等，是依製品、跨距和地板的承載荷重（承受的重量）來決定作法。要做結構計算才能選定正確的方式。

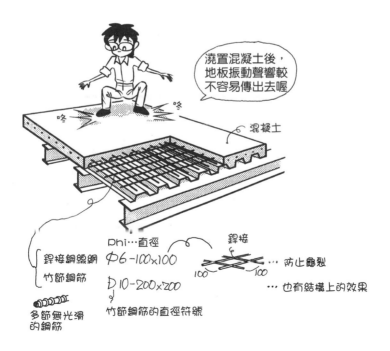

澆置混凝土後，地板振動聲響較不容易傳出去喔

混凝土

phi…直徑

銲接

銲接鋼線網
Ø6-100×100
竹節鋼筋
D10-200×200

…防止龜裂

…也有結構上的效果

多節無光滑的鋼筋

竹節鋼筋的直徑符號

Q 為什麼要裝設柱螺栓？

▼

A 為了讓混凝土樓板與梁緊密結合，形成合成梁（composite beam）、合成樓板（composite slab）。

 stud有鉚釘、剪力釘的意思，stud bolt（柱螺栓）就是在圓筒軸上附有較寬的圓筒頭的東西。使用柱螺栓電銲機，就能從鋼承鈑上方往梁的方向銲接，藉此同時固定鋼承鈑和梁。

利用柱螺栓，可以讓梁與混凝土樓板確實一體化。梁和混凝土樓板一起承受彎曲的力量，這就稱為**合成梁**。形成合成梁後，梁高可以做得比單梁（single beam）的型態小。

再者，梁與混凝土樓板一體化之後形成合成樓板，和RC的樓地板一樣，地板整體具有剛性（堅硬），就不需要加入斜撐了。

柱螺栓也可稱為stud、stud dowel等，是為了讓兩個構材不要滑動開來、固定用的一種**剪力連接器**（shear connector）。shear是修剪、切斷的意思，connector是接合用的物品。

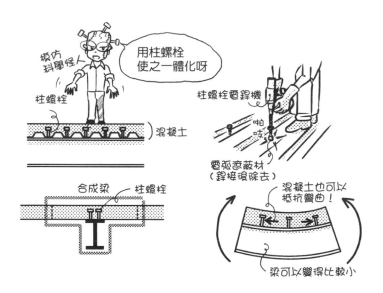

Q 澆置混凝土時，如何不讓預拌混凝土溢出？

A 在地板端部設置混凝土擋板、鋼承鈑端部設置橫斷面封閉材（closer）等。

地板端部可以銲接與澆置的混凝土同高的**混凝土擋板**，防止預拌混凝土流出。由於高度剛剛好與混凝土上端相同，成為澆置混凝土時的高度基準。端部的混凝土擋板與鋼承鈑的突起處封閉材可以分開設置，也可以一起設置。

地板中間部的梁，其鋼承鈑端部的突起處部分，在橫斷面放入封閉用的製品（**封閉材**）。就像地板端部一樣，混凝土板的重量不容易傳遞到梁，凹陷處部分不必封閉起來。

在橫斷面部分，有時一開始就會使用封閉用的末端封閉（end closed）加工製品。

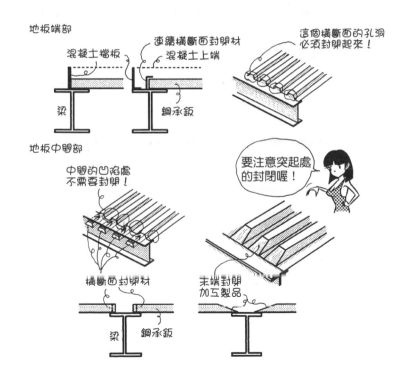

Q 鋼承鈑上方會製作木造的地板嗎？

▼

A 住宅和集合住宅經常採用這種作法。

 在鋼承鈑上澆置混凝土後，如果直接在上面鋪設地板加工材，會變成很硬的地板。商業設施、醫院等不特定多數人利用的地方或許無妨，但用在住宅中容易讓雙腳疲憊。當然，還是有直接用硬地板的住宅。

此外，因為需要有放入排水管的地板下空間，集合住宅的地板多半藉由混凝土來提高。若排水管通過鋼承鈑下方，發生漏水等故障時，就要把樓下住戶的天花板敲開，工程浩大。出租住宅一般也是在樓板上配管。

以下圖為例，在鋼承鈑＋混凝土上方，外走廊部分鋪設防水＋水泥砂漿，玄關鋪水泥砂漿，屋內則是鋪設木造地板組成的室內地面（修飾用板）。

外走廊與玄關之間的高差，是降低梁和鋼承鈑造成的。玄關與屋內的高差，則是鋼承鈑上的木造地板格柵造成的。若是不使用木造，也可以用附有樹脂或鋼製底座的現成品，來提高地板高度。

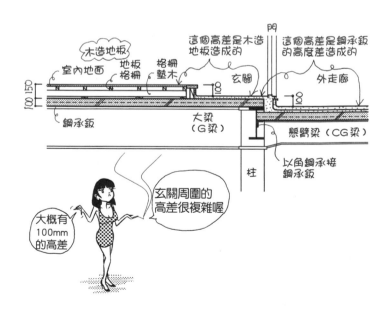

Q 折板屋頂的重疊型、相合鎖固型、嵌合型是什麼？

A 如下圖，組立折板的三種形式。

折板屋頂是由經過表面處理、厚0.6～1.2mm左右的鋼板彎折而成。加入鋅、鋁製成的鋁鋅鋼板（Galvalume），有優良的耐久性。

重疊型為突起處重合疊置而成的方法，簡單又便宜；因為用螺栓固定，又稱為螺栓型。相合鎖固型的相合，是指彎折後讓鋼板咬合在一起；突起處的彎折部分裝上固定用的金屬零件，再用工具鎖固。鑲嵌後合在一起就稱為嵌合，嵌合型是以帽蓋（cap）由上往下扣住扣件的方式進行鎖固。

重疊型
（螺栓型）
便宜
螺栓
螺栓從折板上方突出來

相合鎖固型
咬合在一起後鎖固

嵌合型
帽蓋
扣件

螺栓露出來的話，水容易滲入喔

11

屋頂

Q 折板屋頂的坡度是多少？

▼

A 3/100左右以上。

雖然視製品而異，但即使是3/100這麼平緩的坡度仍能發揮作用，是折板屋頂的優點之一。1m的坡度有3cm，10m的坡度有30cm，可以讓水隨坡洩流。洩流的中途沒有接縫，而且鋼板經過塗裝，表面光滑，讓水容易流下。

與其他屋頂材相較，折板屋頂的坡度雖然平緩，還是能讓水洩流。木造住宅常用的石板瓦（slate，水泥等製成的板）坡度為3/10（30/100）左右以上，瓦片4/10（40/100）左右以上。

　　折板（3/100）＜石板瓦（3/10）＜瓦片（4/10）

折板

由於是沒有接縫的鋼板，坡度平緩也OK

3
100

3
10

石板瓦

重疊做成的屋頂，坡度比較陡喲

4
10

瓦片

Q 折板屋頂的容許跨距是多少？

▼

A 2〜8m左右。

折板突起處的高度越高、鋼板的厚度越厚的製品，跨距越長。大型建物用的折板突起處較高、鋼板較厚，所以跨距也較長。小型建物用的突起處較低、鋼板較薄，所以跨距也較短。

此外，在有多根梁的位置連續架設時，跨距較長；只架設在兩端時，跨距較短。屋簷等的梁懸臂時，由於是單邊設置，跨距會更短。小型建物用的為2〜4m左右，大型建物用的為3〜8m左右。

折板凹凸不平的彎折部分，效果就如同椽木（木造建物製作屋頂坡度的細木材），所以折板的支撐材變成只有與波形直交的水平材。支撐傾斜方向折板的材料，除了支撐水平材的大梁之外，並不需要其他材料。因為沒有像椽木般傾斜的細小材料，屋頂架構非常單純。

下圖為S造的兩層樓商業設施（主跨距約5m×12m），支撐折板的小梁間隔約3m。除了考量屋頂的自重之外，也要注意颱風等的風吹效應。實施設計時，先檢視製品目錄上記載的容許跨距表，再著手設計。

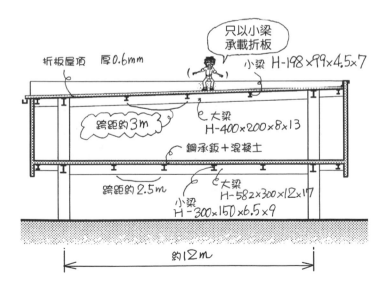

Q 折板屋頂的缺點是什麼？

▼

A 由於容易傳熱，夏天很熱，雨聲也會形成噪音擾人等。

折板屋頂是1mm左右的薄鋼板，太陽的熱度會直接向下傳遞，而且大雨時會發出滴滴答答的較大聲響。

因此，已有在內側鋪設隔熱材的商品化折板屋頂。此外，也有將折板做成兩層，像三明治一樣在中間放入玻璃棉（glass wool）等隔熱材的製品。

現有的折板屋頂中，從上方隔熱形式的折板商品也已經問世，可以直接鋪設。再者，製作天花板時，在天花板內部鋪設厚厚一層隔熱材，讓空氣在天花板裡流動，也是有效的隔熱對策。

以往的隔熱對策還包括在折板屋頂上鋪設水平的板，鋪滿聚苯乙烯泡沫塑料（polystyrene foam，商品名：保麗龍〔styrofoam〕）等隔熱材隔熱，之後上面再鋪設防水用的板。另外，在折板上塗上反射太陽光的塗料、塗上具隔熱性的塗料形成塗膜等作法，效果也很好。

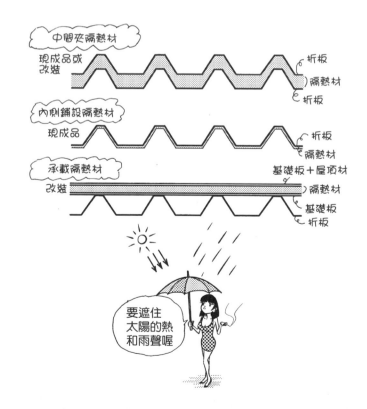

Q 折板屋頂的緊密架構是什麼？

▼

A 安裝折板屋頂用的凹凸狀框架。

tight是緊的、緊貼和緊密的意思。tight frame（緊密架構）則是讓折板屋頂緊貼和緊密地固定用的框架、金屬零件。在現場將緊密架構鉚接到鋼骨上，上方再固定折板屋頂。雖然依製品不同而跨距各異，但跨距為2～6m左右，以這個間隔放入鋼骨。

裝在緊密架構突起處的螺栓，是往上突出的**尖頭螺栓**（pointed bolt）。折板自上方覆蓋，以（尖頭）**中空管**（＝尖頭中空棒：管狀的道具）套住，從上方用榔頭敲擊，讓折板出現孔洞，螺栓露出至折板上方。

在螺栓上放上墊圈和襯墊（packing），旋緊螺帽後折板便固定在緊密架構上。若是相合鎖固型、嵌合型折板屋頂，緊密架構的形狀隨之不同。

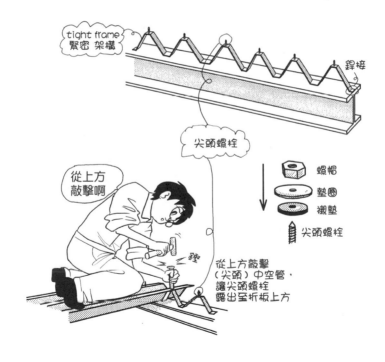

Q 遮板是什麼？

▼

A 在折板屋頂的端部，遮蓋突起處空隙的材料。

遮蓋折板突起處部分和牆壁部分、以及兩者之間的空隙的構材，稱為遮板（日文寫作「面戶」）或屋簷遮板。面戶原為木造用語，是填入椽木與牆壁之間空隙的材料。

屋頂的最上部、屋脊部分和女兒牆（parapet）部分，都必須把折板的凹陷處遮蓋起來。為了讓水不要從凹陷處流出，需要裝上擋水用的遮板，稱為擋水遮板、止水遮板或擋遮板。遮板與折板的接縫，進行密封（填入具彈性的材料）。

也有將折板的凹陷處彎折來擋水的作法，日文稱為「八千代折り」（八千代彎折）。

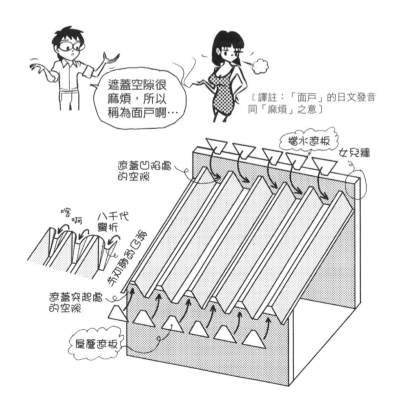

遮蓋空隙很麻煩，所以稱為面戶啊…

〔譯註：「面戶」的日文發音同「麻煩」之意〕

擋水遮板

女兒牆

遮蓋凹陷處的空隙

八千代彎折

喀啊

遮蓋突起處的空隙

屋簷遮板

Q 折板屋頂的側面端部如何收納？

▼

A 如下圖，以0.8mm左右的鋼板，遮蓋折板端部的一個突起處，並向上直立延伸至女兒牆上端來收納。

在折板端部，將薄鋼板彎曲後蓋住突起處，再向上直立延伸收納。各端部的收納，都必須進行像這樣的金屬薄板切割彎曲等鈑金加工作業。近來的彩色鋼板和鋁鋅鋼板耐候性佳，二十年左右都不會生鏽。一般側面的女兒牆上端做成水平狀，從外側看來像是個水平的箱型。

親水側裝設前述的擋水遮板，薄鋼板向上直立延伸至女兒牆上端來收納。

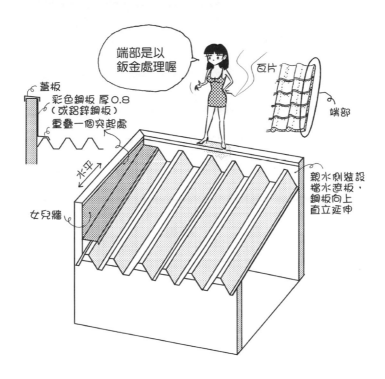

端部是以
鈑金處理喔

瓦片

端部

蓋板
彩色鋼板 厚0.8
（或鋁鋅鋼板）
重疊一個突起處

水平

女兒牆

親水側裝設
擋水遮板，
鋼板向上
直立延伸

Q 如何隱藏折板屋簷凹凸不平的地方？

▼

A 如下圖，女兒牆的內側以內導水管等處理，折板的端部則在一小段距離的地方裝封簷板（fascia board）。

洩水側的突起處要以屋簷遮板來遮蓋，裝上導水管。通常導水管是以外露的方式收納，但也可以在距離折板一小段位置處設置封簷板（隱藏屋頂橫斷面的材料），將導水管隱藏起來；也就是在突出的屋簷的前端，裝上封簷板來隱藏修飾橫斷面。如果可以看見凹凸不平的橫斷面，就像腳踏車棚或停車場的屋頂那樣，看起來會顯得廉價。

女兒牆的內側以內導水管處理時，為了讓水滿時可以流到外面，先設置滿溢時的流通路徑比較安全。不管哪一種，都是使用厚 0.8mm 左右的鋼板進行鈑金加工製成。處理女兒牆內側時，若洩水側比外牆面突出一些，雨遮作業就更完善了。

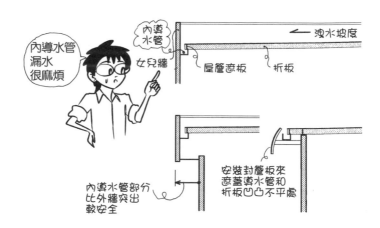

Q 平屋頂的防水方法有哪些？

A 有防水布（waterproof sheet）、瀝青防水（asphalt waterproofing）、聚氨酯塗膜防水（urethane membrane waterproofing）、FRP（玻璃纖維強化塑膠）塗膜防水（fiberglass reinforced plastics membrane waterproofing）等。

防水布是以接著樹脂製的布來防水的方法，用於中小規模的建物。防水布上若塗上反射熱能的塗料，熱就難以進入，也能提高防水布的耐久性。但防水布的缺點是會被菸蒂燒出孔洞、承載較重時容易把布弄破等。

瀝青防水是貼上瀝青油毛氈（防水氈），再塗上熱熔的瀝青，然後上面再貼上瀝青油毛氈，如此反覆施作，製作出防水層。承載較重時，上方還會再澆置輕量混凝土。

塗膜防水是塗上防水劑形成塗膜，來製作出防水層的工法。貼好基材後，上面塗上聚氨酯或玻璃纖維強化塑膠。

陽台、外走廊等範圍較小的部分，也可以在水泥砂漿中加入防水劑，進行水泥砂漿防水作業等。

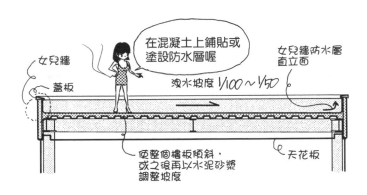

Q 如何建造S造斜屋頂？

A 如下圖，大梁傾斜設置，在上面緊密架設C型鋼（帶緣溝型鋼），接著再鋪設基礎板，裝設屋頂材等。

以下圖為例，這是四層樓的S造集合住宅，跨距約 3m×8m。大梁架設為山形（山牆形），做出傾斜角。在傾斜設置的大梁上，以約 600mm 的間隔架設C型鋼＝帶緣溝型鋼。

在組立的骨架上鋪貼厚 24mm 的不可燃木毛水泥板（以水泥固定木板碎片而成的板）。從C型鋼的上方，利用衝擊扳手（在旋轉方向施加衝擊的電動扳手）旋入前端附有刃的堅硬螺釘。

在木毛水泥板上貼上兩層瀝青屋頂材（加入瀝青油毛氈）來提高防水性，上面再裝設屋頂材。在這個例子中是鋪水泥瓦片。

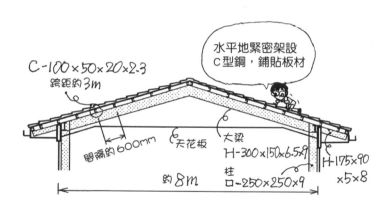

Q 如何製作斜屋頂的通氣層？

▼

A 如下圖，在基礎板上方往傾斜方向設置小型角材，做出的空間即為通氣層。

用以製作通氣層的角材，稱為**通氣胴緣**（ventilated furring strip）。胴緣一般是指承受壁材用的角材。

胴緣在上板、下板之間留設的空間，就成為通氣層。空氣變暖時會膨脹變輕，往上升。只要做出通氣層的出入口，夏日的熱氣就可以向外排出。

C型鋼上方往傾斜方向設置地板格柵，在這個地板格柵的高度部分，將聚苯乙烯泡沫塑料填入地板格柵之間，隔熱效果會更好。

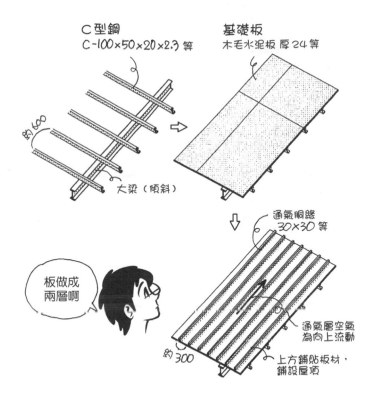

C型鋼
C-100×50×20×2.3 等

基礎板
木毛水泥板 厚 24 等

約 600

大梁（傾斜）

板做成
兩層啊

通氣胴緣
30×30 等

通氣層空氣
為向上流動

約 300

上方鋪貼板材，
鋪設屋頂

Q 側桁是什麼？

A 如下圖，用以支撐樓梯踏板，使用於側面的板材。

桁是建物長方向使用的梁，為水平材，樓梯側面使用的結構材也稱為桁。由於是用在側面，所以稱為側桁（stringer）。**踏板**（tread）鉚接在這個側桁上固定。

如果是鋼骨樓梯，使用厚12mm左右的鋼板（℔-12），若樓梯寬度1m以內，側桁高度為250mm左右。

踏板下方切割成凹凸狀的側桁，稱為**簓桁**。簓的原意是在棒上雕出溝槽做成的樂器。這種樓梯形狀就像是鋸齒狀的刻痕，所以稱為簓桁。有時直線形的側桁也稱為簓桁或簓。

以12mm的側桁支撐喔

側桁
℔-12
（12mm的鋼板）
250
℔→PL：指鋼板

簓桁
側桁的一種

Q 如何製作踏板？

▼

A 如下圖，一般是把鋼板銲接到側桁上，上面塗上水泥砂漿來製作。

🔲 腳踩的水平部分是踏板，垂直部分稱為**踢腳板**（riser）。在鋼骨造樓梯中，踏板和踢腳板多半是用一塊鋼板彎折製成。

踏板是把厚6mm左右的鋼板（ℙ-6）銲接到側桁上而成。直接以鋼板作為踏板時，上下走動會有叩叩叩的腳步聲，所以在鋼板上塗上厚50mm左右的水泥砂漿。因為水泥砂漿乾燥後容易裂開，裡面會放入銲接鋼線網（Ø6-100×100）。

為了讓聲音更小，有時會在水泥砂漿面上貼上附有緩衝墊的樹脂製薄板。室外樓梯、外走廊用的薄板，表面加工為粗糙不平的凹凸形狀，以便止滑。

逃生樓梯也會使用只有鋼板的踏板。光滑的鋼板容易滑，所以有時會用表面有凹凸設計的**網紋鋼板**（checkered plate）。

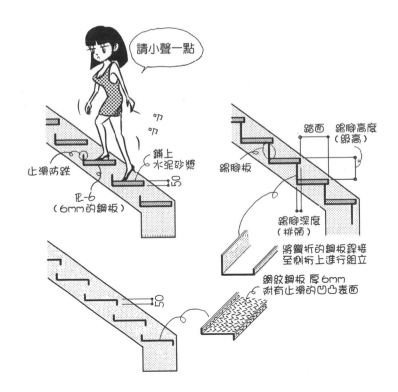

12

樓梯

Q 如何把踏板裝設到側桁上？

▼

A 組立銲接後，以填角銲固定。

所謂組立銲接，是指為了假固定而進行的暫時性銲接，也稱為**點銲**（tack welding）。以組立銲接完成整體的組立後，就可以微調整尺寸、垂直水平等，再進行**全銲接**。

踏板與側桁、踏板與踏板之間以填角銲固定。雖然通常是施以連續銲接，不過小型樓梯有時會用斷續銲接。斷續銲接是指非連續進行銲接，在各處斷斷續續進行的銲接方式。

將工廠預製的樓梯搬到現場，固定在建物本體上，是另一種安裝樓梯的方式。可以直接將整個樓梯搬到現場，或分成幾個部分搬入後在現場組立。在不容易搬入樓梯的現場，也可以現場銲接製作樓梯。

　　組立銲接（點銲）→全銲接→搬至現場

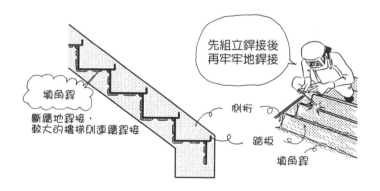

先組立銲接後再牢牢地銲接

填角銲
斷續地銲接，較大的樓梯則連續銲接

側桁

踏板

填角銲

Q 如何把 S 造的樓梯固定在建物上？

▼

A 把開孔的鋼板或山型鋼銲接到梁或柱上，用高拉力螺栓來固定側桁。

雖然側桁固定在建物上，但不是直接固定在梁上，而是需要使用角板。角板是將厚 12mm 左右的鋼板 PL-12，或 90mm 左右的角鋼 L-90×90×13，銲接到梁上。接著，以約兩根 Ø16mm 左右的高拉力螺栓鎖固，將兩側的側桁牢牢固定在梁上。

下方沒有梁時，要像柱的柱底板一樣，從上方通過埋設在混凝土中的螺栓來固定，或埋設鋼板後從側邊固定。

固定在柱上時也一樣，要先把角板銲接到柱上。如果只用角板固定會強度不足時，可以使用小型鋼板補強。

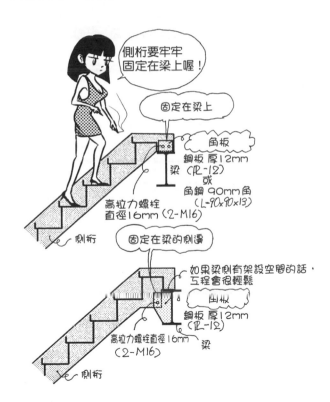

側桁要牢牢
固定在梁上喔！

固定在梁上

角板
鋼板 厚 12mm
（PL-12）
或
角鋼 90mm角
（L-90×90×13）

梁

高拉力螺栓
直徑 16mm（2-M16）

側桁

固定在梁的側邊

如果梁側有架設空間的話，
工程會很輕鬆

山板

鋼板 厚 12mm
（PL-12）

高拉力螺栓直徑 16mm
（2-M16）

梁

側桁

Q 如何處理樓梯部分的梁？

▼

A 如下圖，樓梯部分的上層地板處以梁圍繞，如此一來不管範圍多大，都可以支撐。

 樓梯部分會在上層地板處開洞。雖然這是理所當然的事，初學者的圖面上還是經常可見不經心地將樓梯畫在梁上的情形，要特別注意。

地板的四周需要以梁圍繞才能支撐。樓梯的開洞周圍成為地板的端部，一定要設置梁。

以下圖為例，這是三層樓住宅的二樓梁俯視圖，跨距約5m、樓高約3m。梁俯視圖是從上往下看的梁組平面圖，也可視為地板俯視圖。

C是column，也就是柱；G是大梁（G梁），架設在柱與柱之間的梁；CG是懸臂梁；B是小梁（B梁），架設在梁與梁之間的梁。在梁俯視圖上編上號碼，並於鋼骨斷面列表上寫上斷面尺寸。

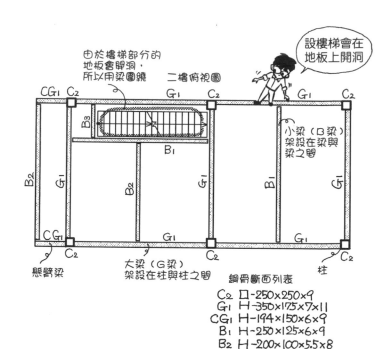

Q 如何製作折梯的樓梯平台？

▼

A 如下圖，在周圍延伸出側桁加以圍繞，內側的平台下方也將側桁延伸出來，其他部分的平台下方用山型鋼（角鋼）或平鋼等來補強。

◆ 樓梯平台（landing）是指折梯轉折點的寬廣平面部分。樓梯平台與其他踏板不同，面積較廣，如果不做補強，平台容易塌陷，單只延伸側桁是不夠的。

以450mm的間隔來銲接角鋼L - 60×60×6，以300mm的間隔來銲接平鋼FB - 6×75，用以補強樓梯平台。

樓梯平台設置在層與層中間，因此必須以柱支撐，或從柱上伸出梁來加以支撐。另外，也有樓梯平台不做支撐而懸空，做成懸臂。這時除了樓梯整體的重量之外，必須處理側桁左右方向的傾斜、搖晃，各構材的斷面也會變大。

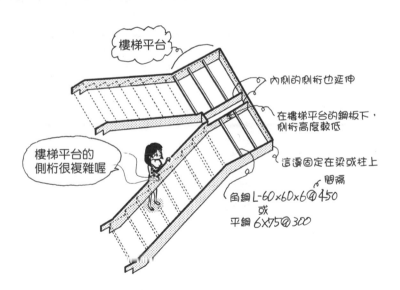

樓梯平台

內側的側桁也延伸

在樓梯平台的鋼板下，側桁高度較低

這邊固定在梁或柱上

樓梯平台的側桁很複雜喔

間隔
角鋼L-60×60×6@450
或
平鋼6×75@300

Q 樓梯的扶手高度是多少？

▼

A 從梯級前緣（nosing）向上750～900mm左右，樓梯平台或上層地板部分為1100mm以上。

◆ 1100mm以上是日本建築基準法的規定，準用於屋頂、屋頂露台。寬廣的地板部分的扶手高度1100mm以上，讓高度高於腰的位置以防墜落。

樓梯部分的高度沒有規定。樓梯的扶手高度依測量位置而高度不同。因此，以梯級的前端部分＝梯級前緣開始為指定高度。

樓梯部分一般是裝設高900mm左右的扶手。若是有牆壁圍繞的樓梯，為了方便手扶，扶手高度為750mm左右。

Q 在折梯的轉折部分，為什麼第二段樓梯的第1階要與樓板面同高？

▼

A 為了讓扶手高度一致。

 如果扶手高度從梯級前緣開始為900mm，第一段樓梯的扶手結束高度即為900mm，而下一段樓梯的扶手高度會變成900mm＋踢腳板的高度，因此在轉折的地方就要將扶手高度增加，這樣反而無法順暢地設置扶手。

此時如果將樓梯往前一階，讓第一段樓梯的梯級前緣斜連線，以及轉折後的第二段梯級前緣斜連線，兩者剛好在樓板面接在一起（如下方的右上圖），扶手的斜連線也會與之平行，扶手高度便相當平順地連結在一起。先假想出第0階的梯級前緣位置，就能連續連結出梯級前緣連線了。

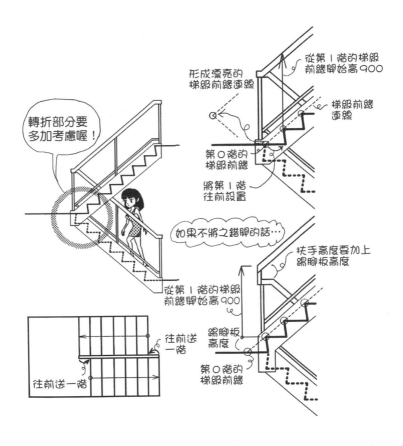

Q 用於扶手的不鏽鋼或鋼的圓形管直徑是多少？

▼

A 常用 ∅34 左右。

∅ 指直徑。不管從強度或手握舒適度來考量，都經常選用 ∅42.7、∅34、∅27.2 等的管。不同於配管用鋼管、配管用不鏽鋼鋼管等的標稱直徑（nominal diameter，常稱為內徑），扶手的鋼管是以外徑指定。SUS304 是不鏽鋼。

扶手的支柱以 1～1.5m 左右的間隔設立。以銲接固定時，如果扶手支柱的直徑比扶手小，收納起來比較整齊漂亮。

室外扶手採用不會生鏽的不鏽鋼材質最佳。雖然鋁製扶手也不會生鏽，但強度較弱，扶手與扶手支柱、扶手支柱與樓梯等，接合部全部用螺釘固定鋁材製作。若是使用鋼管，即使進行防鏽塗裝作業，幾年後還是會生鏽。有時會先在工廠進行抗鏽的燒付塗裝或鍍鋅塗裝作業。

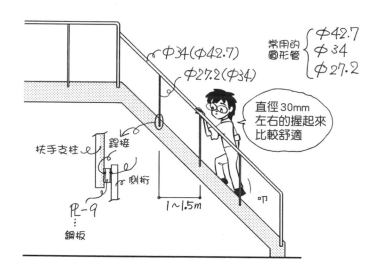

Q 用於扶手的不鏽鋼或鋼的角形管尺寸是多少？

▼

A 60mm×30mm、50mm×30mm、32mm×32mm、25mm×25mm 左右以上。

雖然選用的尺寸會依扶手的設計而改變，但要讓**正面寬度**（可見端的尺寸）看起來細長簡潔，尺寸必須有 25～30mm 左右。**側面寬度**（深度尺寸）為 50～60mm 左右，正面寬度的細長設計，可藉由側面寬度來補強，不必擔心強度問題。

支柱的間隔為 I～1.5m 左右。雖然尺寸大較安全，不管多大都無妨，但尺寸太大看起來不美觀。

若是在扶手下方加入防止墜落用的材料，在放置水平材強調水平線的同時，也可能衍生出小孩子容易攀爬的情況。為了避免有人攀爬，必須採取一些對策，例如加入緊密排列的細縱材、放入沖孔金屬網板（punching metal plate，開了很多孔洞的金屬板）或強化玻璃等。

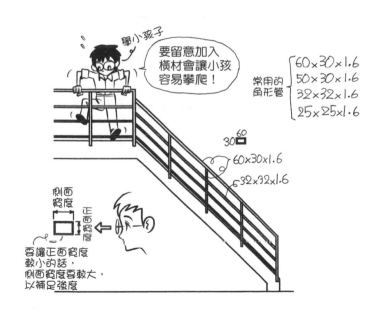

Q 用於扶手的平鋼尺寸是多少？

▼

A FB-9×50～9×22、FB-6×50～6×22左右。

平鋼的正面寬度是9mm或6mm，因為很薄，可以展現輪廓鮮明的設計。但越薄越容易彎曲，當支柱間的距離較大時必須特別注意。

扶手部分若為FB-9×50、6×50左右，支柱間隔1m左右，緊密排列。扶手支柱若為FB-9×22、6×22左右，甚至可以排得更緊密。其他可藉由讓縱向排列較緊密，或排成45度等，在設計上多下工夫來補強。

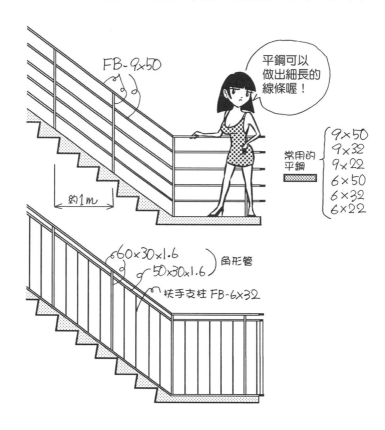

Q ALC板是什麼？

▼

A 以輕質氣泡混凝土做成的板。

ALC是autoclaved lightweight concrete的縮寫，直譯為在高溫、高壓的蒸汽中進行養護的輕量混凝土。使水泥等材料中產生大量的細密氣泡所做成的輕質混凝土板，就是ALC板。如果說混凝土是人造的石頭、岩石，ALC就是人造的輕石。

ALC板品牌包括Hebel、Durox、Siporex、Iton、Clion等。

ALC板不像混凝土板那麼重，運送和加工都很容易。不只是S造使用ALC板，木造也會使用，主要是作為外牆材，但也會用在地板。在木造公寓二樓地板鋪設ALC板，也可以有效隔音。

Q ALC板的優點是什麼？

▼

A 隔熱性、耐火性、施工性佳，質輕，便宜。

ALC板內含許多氣泡，所以熱不容易通過，重量也較輕；再者，以水泥等材料作為主原料，耐火性佳。

與填滿許多砂礫和砂等的混凝土不同，ALC板氣泡多，可以輕鬆切割、開洞。

由於ALC板重量較輕，建物的總重量也可以較輕，這樣就可以輕鬆完成基礎。如果想以較少的成本建造出有一定程度性能的箱型建物，可以先考慮使用ALC板。

Q ALC板的缺點是什麼？

▼

A 與混凝土相較的話，強度弱、較脆、易壞、隔音性能差、會產生許多接縫而必須進行防水或設計上的處理、表面若不經處理容易滲水等。

ALC板氣泡多，所以缺點是較脆易壞。若是作為集合住宅的界牆（party wall，亦稱共用壁），與同樣厚度的混凝土牆相比，隔音性能較差。

ALC板通常板寬600mm左右。板與板之間的接縫進行密封，避免水滲入。就設計上而言，接縫太多也不理想。如果在接縫上鋪貼外裝用的磁磚，接縫一移動就可能讓磁磚跟著掉落。為了避免磁磚掉落，有時會在ALC板的接縫上加入細密的密封材。

另外，在轉角部分施作45度角的切割（倒角）。角隅通常不是90度的尖角，而是比較圓滑的樣式。

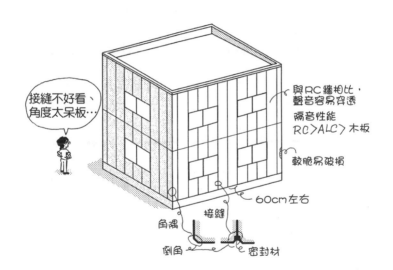

Q 如何把ALC板固定在鋼骨上？

A 把角鋼（山型鋼）銲接到梁上，再用金屬零件固定。

縱向使用ALC板，把板的上下端固定在梁上，是最簡單的方法。

在梁的H型鋼上固定金屬零件較困難，所以可以先銲接L‑65×65×6左右的角鋼。

角鋼上再銲接上平鋼板、承接鋼板、閃電型鋼板等金屬零件。

把螺栓穿過金屬零件的孔洞，用內藏於ALC板的螺帽，或ALC板反面開孔中放入螺帽，進行鎖固。

若是RC的基礎，作法也一樣，把角鋼固定在基礎上，再將金屬零件銲接上去，用螺栓固定ALC板。

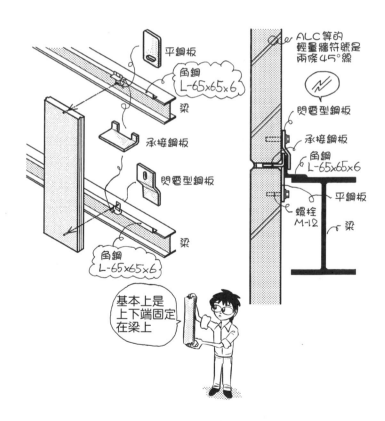

平鋼板

角鋼
L‑65×65×6

梁

承接鋼板

閃電型鋼板

梁

角鋼
L‑65×65×6

基本上是
上下端固定
在梁上

ALC等的
輕量牆符號是
兩條45°線

閃電型鋼板

承接鋼板
角鋼
L‑65×65×6

平鋼板

螺栓
M‑12

梁

Q ALC板的搖擺構法是什麼？

▼

A 為了在地震或風吹等搖晃下也能柔軟對應，在安裝的部分保持適度空間的牆壁構法。

rock除了是石頭的意思，也有搖晃之意。rocking chair（安樂椅）是會搖動的椅子，但牆壁的搖擺（rocking）構法是為了讓牆壁即使搖動也不容易崩壞而設計的構法。如果安裝ALC板時不預留空間，搖晃時沒有緩衝空間，ALC板很快就會崩壞。

在上下兩點用金屬零件支撐的方法，可以在水平和垂直部分都保有適度空間。而螺栓孔也可以朝移動方向將孔洞開大一點，使ALC板能柔軟地移動，不會受到力的作用，防止破壞。

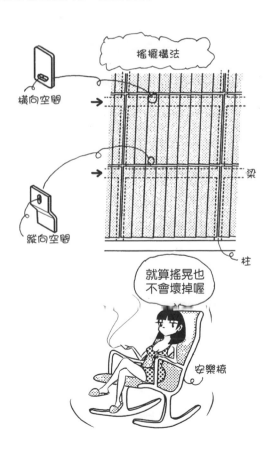

Q 如何把開口部位上下的ALC板固定在鋼骨上？

▼

A 將角鋼通過縱橫方向，再進行固定。

◆ 如果有窗的話，表示縱向鋪設的ALC板會在中途切割開來。如果中途被切割，上下固定的構法就無法支撐。

這時的作法如下圖，利用角鋼通過窗的兩側，固定在上下方的梁上。上方的梁銲接短角鋼（角鋼零件），把縱向角鋼（開口補強材）固定在這個角鋼零件上。下方的梁則是與通過的角鋼銲接。

在縱向的兩根角鋼（開口補強材）上，將水平的兩根角鋼安裝在窗的上下。水平的角鋼是讓縱向的短ALC板固定在上面用的（右下斷面圖）。

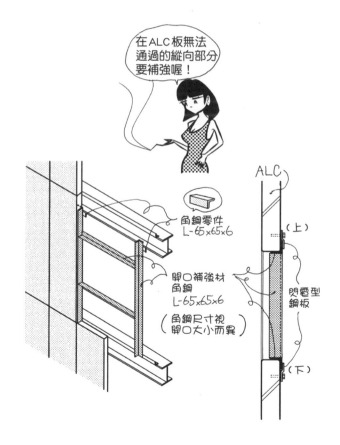

Q 窗框的位置與ALC板的對應關係是什麼？

A 如果ALC板為600mm，窗框配合600mm的間隔，就能漂亮收納。

縱向使用ALC板時，每600mm就會出現一條間隔線。若是窗的配置也配合600mm的間隔，除了外觀看起來美觀，內部的補強材也能漂亮納入。

如果把ALC板切半，看起來不美觀，強度減弱，補強材也無法漂亮收納。配置窗戶時，不能只看平面圖，也要從立面圖來考量。

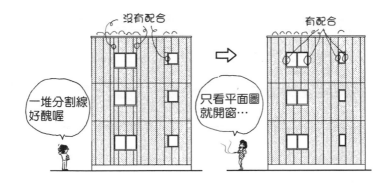

Q 在門或窗的開口部周圍，ALC板可以留設切割角嗎？

▼

A 原則上不可以。

 如下圖左所示，如果ALC板的切割角為L型等，板材容易壞掉。這時需要如下圖右，把板材組合成沒有切割角的形式來使用。

設計門的開口時，寬度600mm太窄，寬度1200mm又太寬，經常無法配合ALC板寬度600mm的型式。這時要以橫向使用ALC板等方式，避免出現切割角。

設計窗的開口時，大小或位置都可以改變，相對比較簡單。若是窗的位置剛好在兩塊板的正中間，可以把窗稍往旁邊移動等，避免出現切割角。

在梁貫穿牆壁的梁貫通部分也一樣，採取組合較細的ALC板等對策，避免出現切割角。

換氣口的套筒等較小的開洞也一樣，一定程度以上大小的開洞都有限制。製造商的商品目錄中詳載了這些資料。

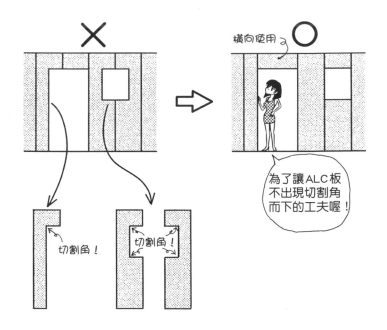

橫向使用

為了讓ALC板不出現切割角而下的工夫喔！

切割角！

切割角！

Q 在建物的轉角鋪設 ALC 板時該如何處理？

▼

A 直接看到切口（小口），或使用角隅用系統配件。

最簡單的方法是讓平板接合處的切口顯露在外，直接作為轉角使用。切口是指與長向垂直的橫斷面。如果寫成木口，是指木材的橫斷面，小口和木口兩者常混用。

使用切口的方式，在轉角處可以看到板的厚度。ALC 板有 150、125、120、100、50、35mm 等各種厚度的商品化板材，但通常是用 100mm。雖然較低造價的 S 造也會使用 50mm 的製品，不過 50mm 一般為木造用。

若想讓轉角看起來比較漂亮，可以使用**系統配件**。事先做好寬 300mm×300mm 左右的角形配件，由於是立體製品，價格比平板高。

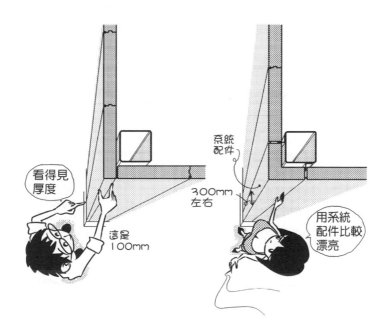

Q 如何橫向鋪設 ALC 板？

▼

A 立起支撐 ALC 板的柱，再固定 ALC 板。

縱向鋪設時，ALC 板鋪在梁與梁之間。使用 ALC 板的建物絕大多數都是縱向鋪設，因為只要固定在結構體的梁上就可以了。

橫向鋪設時，必須立起僅用以支撐 ALC 板的柱。雖然依板厚不同而異，但一般是以 3.5～5m 左右的間隔組立角形鋼管或 H 型鋼。

橫向鋪設的設計出現於近代，因為近代建築的設計強調水平線。然而，為了橫向鋪設，必須立起與結構體無關的柱。

柱與柱之間、梁與梁之間的間隔，支點間的長度，依 ALC 板的厚度而定。商品目錄中載有數值列表，參考這些數值來進行設計。厚 100mm 的板，支點間長度 3.5m 左右，突出長度 0.6m 左右。

Q 擠出成型水泥板是什麼？

▼

A 如下圖，有中空層的水泥板。

所謂擠出成型（extrusion），是指從模型中壓出做出形狀的製作工程。相較於 ALC 板的比重為 0.6 左右，擠出成型水泥板為 1.9 左右。比重是指和水比較的重量，將水以 1 表示，比重未滿 1 就會浮在水面上。ALC 板會浮在水上，擠出成型水泥板沉入水中。

擠出成型水泥板表面的觸感近於水泥或混凝土，而不是像 ALC 板的平順感，質硬且外觀接縫簡潔。由於不像 ALC 板一樣含有許多氣泡，擠出成型水泥板的隔熱性可能較差。

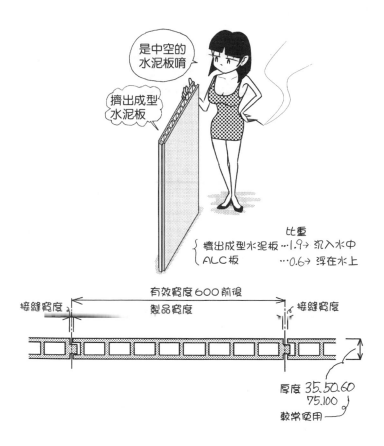

Q 厚60mm的擠出成型水泥板縱向鋪設時，如何固定在建物上？

A 如下圖，在梁的翼板上裝設角鋼，再以金屬構件固定。

把擠出成型水泥板固定在上下方的梁上時，和縱向鋪設ALC板的固定方法相似（參見R247）。在角鋼上裝設閃電型金屬構件（Z型鉗），讓螺栓通過金屬構件的孔洞，再固定擠出成型水泥板。

上方的翼板先與角鋼零件銲接，再和貫通角鋼銲接。貫通角鋼也有支撐擠出成型水泥板重量的作用。下方的翼板也要與貫通角鋼銲接，固定板的上部。

閃電型金屬構件以上下各兩點、共四點來支撐一塊板。和ALC板一樣，開口部以角鋼補強。

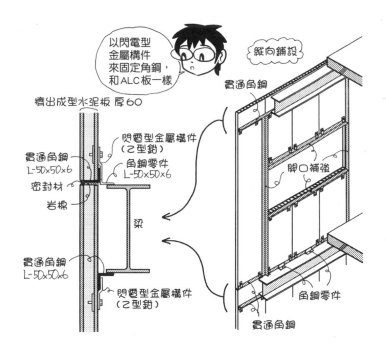

Q 如何橫向鋪設厚 60mm 的擠出成型水泥板？

A 如下圖，以角鋼或 C 型鋼等作為柱（胴緣）來固定，至少每三塊板要以自承重金屬構件來承接。

和 ALC 板一樣，橫向鋪設時必須有支撐擠出成型水泥板的柱。與縱向鋪設相比，橫向鋪設費事又耗材。

以兩根角鋼 L‑50×50×6 組合成柱，或以 C 型鋼 C‑100×50×20×2.3 作為柱，從基礎直通到女兒牆上端。將角鋼固定在梁、基礎、女兒牆直立面的混凝土上。在貫通的角鋼上裝設閃電型金屬構件（Z 型鉗），以螺栓來固定板。開口補強和縱向鋪設的作法一樣，以角鋼來補強。

橫向鋪設時，更需要有支撐重量的自承重金屬構件。因為橫向與縱向鋪設不同，梁與梁中間的板重不會直接傳遞到梁上。至少每三塊板，要在角鋼上加入自承重金屬構件。

Q 如何橫向鋪設厚 15mm 的薄擠出成型水泥板？

▼

A 如下圖，將 C 型鋼（帶緣溝型鋼）以 600mm 間隔並排，再用螺絲來固定住固定零件，把擠出成型水泥板的溝槽插入固定零件中來固定。

厚 15mm 的擠出成型水泥板就像木造的外牆板（siding）一樣薄，如果支撐材的間隔太大，板就會彎曲。

這時可以用 C 型鋼 C - 100×50×20×2.3 作為間柱，以 600mm 的間隔排列，再進行固定。固定間柱時，一開始就要在梁的 H 型鋼上安裝角板，再以螺栓鎖固，或者之後銲接角鋼零件，然後以銲接等方式固定。

如果直接在板上釘螺絲，板材容易裂開。這時打設螺絲把固定零件固定在間柱上，再將擠出成型水泥板的溝槽插入固定零件中來鋪設。

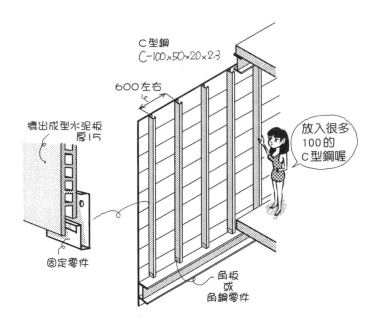

C 型鋼
C-100×50×20×2.3

600 左右

擠出成型水泥板
厚 15

固定零件

放入很多
100 的
C 型鋼喔

角板
或
角鋼零件

Q 如何以ALC板製作女兒牆？

▼

A 將最上層的牆壁延伸作為女兒牆。

縱向鋪設ALC板時，將ALC板稍微延伸至梁的上方。只有最上層的ALC板向上延伸超過屋頂，作為女兒牆。

女兒牆要做防水層直立面，以金屬構件固定。如果只用接著劑固定防水層，可能因強風而剝離。

就像在直立面防水層上方多一層防護一樣，以金屬的**蓋板**（cap）覆蓋。蓋板是在扶手牆等的上方，像斗笠一樣覆蓋的橫架材（日文稱為「笠木」），ALC板是使用鋁製或不鏽鋼製的蓋板。

蓋板以向內傾斜的方式設置。因為如果蓋板上堆積的灰塵等被雨水沖刷至外牆，很容易弄髒外牆。

雖然有蓋板現成品，但也有使用鋁鋅鋼板等進行鈑金（彎折加工薄金屬板的作業）製作而成的蓋板，因為這類蓋板讓外觀輪廓鮮明。

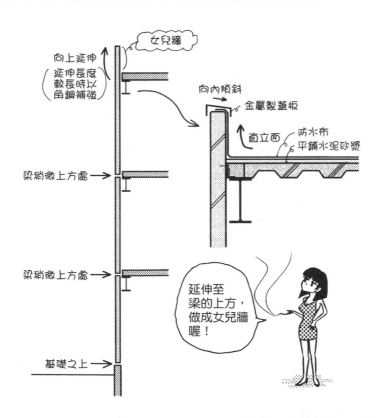

Q 厚 60mm 的擠出成型水泥板的女兒牆部分如何固定？

▼

A 把角鋼銲接到混凝土的直立面部分，再以金屬構件固定。

使用 ALC 板時，要在梁上設置一定高度的女兒牆。擠出成型水泥板突出部分過多也是浪費，所以固定至高於梁的上方結構體部分即可。

以擠出成型水泥板製作的女兒牆，要先在鋼承鈑上澆置混凝土直立面。防水層向上捲起覆蓋這個混凝土直立面部分。

澆置混凝土直立面之前，先埋入金屬構件，然後把角鋼零件銲接在上面，再銲接貫通角鋼。以閃電型金屬構件（Z 型鉗）把擠出成型水泥板固定在這個貫通角鋼上。

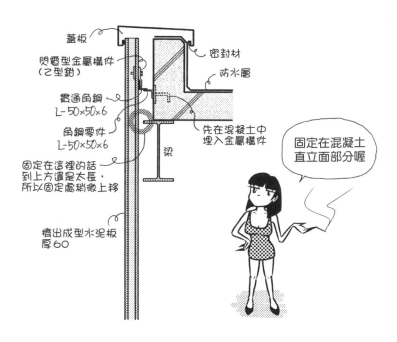

蓋板
閃電型金屬構件（Z 型鉗）
密封材
防水層
貫通角鋼 L-50×50×6
角鋼零件 L-50×50×6
先在混凝土中埋入金屬構件
梁
固定在這裡的話到上方還是太長，所以固定處稍微上移
擠出成型水泥板厚 60

固定在混凝土直立面部分喔

Q 如何以ALC板製作陽台、外走廊、屋頂等處的扶手牆（拱肩牆）？

▼

A 如下圖，以角鋼等進行補強，從梁往上方延伸出去。

在較小的陽台可以不必補強，直接向上延伸ALC板。若是扶手牆，日本建築基準法規定必須從地板向上延伸1.1m，所以需要進行補強。

在梁的上下部位裝設角鋼L-65×65×6，再縱向銲接角鋼L-65×65×6，向上鋪設。梁上方橫向通過角鋼L-65×65×6，下方安裝角鋼零件L-65×65×6。

在縱向裝設的角鋼上下部分，安裝橫向通過的角鋼L-65×65×6。在以角鋼圍起的部分，使用專用金屬構件等來裝設ALC板。

安裝好ALC板之後，內側鋪上板材，將角鋼等隱藏起來進行修飾。防水則是從碰到ALC板的地方向上延伸。

現在已開發出無需做角鋼的補強就能裝設的製品和構法，只需要固定在梁的上下的角鋼上，內側不必鋪板材。

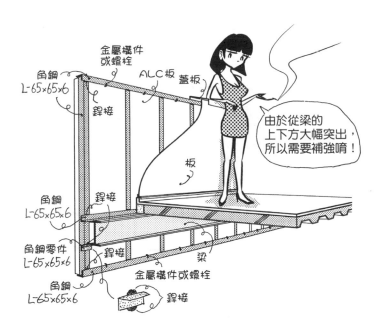

Q 使用在ALC板、擠出成型水泥板接縫的密封材是什麼？

▼

A 不進行塗裝的話是變性矽利康（modified silicone）類，進行塗裝的話是聚氨酯類的密封材。

sealing是密封的意思，sealant是密封材，caulking的原意則是填補船或圓木桶的木板間隙。密封材就是填補板與板等物件之間的間隙，讓水不要進入的彈性樹脂。

密封材有各種不同的製品，根據金屬、玻璃、混凝土、ALC板、石頭等不同的被附著體，有各自適合的密封材。此外，密封材也分為上面可以進行塗裝和不能進行塗裝的材質。

若是ALC板、擠出成型水泥板，不進行塗裝是使用**變性矽利康類**，進行塗裝是使用**聚氨酯類**。有時也會用**丙烯醛基**（acryl，俗稱壓克力）類，來取代變性矽利康類。

打設密封材時要使用填縫槍，為了讓材料不要溢出到接縫外，兩旁可以用護條（masking tape，和紙膠帶）貼住。

Q 黏合分隔料是什麼？

▼

A 不使用密封材在接縫底進行接著，而是將施工縫（working joint，亦稱工作縫）進行兩面接著用的材料。

ALC板、擠出成型水泥板的接縫處，會形成稱為**施工縫**的可移動縫隙，因為板相互之間會移動。

如果在施工縫上用密封材進行三面接著，沿著接縫底的密封材可能會產生分離或破損的情況。

這時不用像密封材這樣滑順的材料來接著，而是先在接縫底填入海綿狀的材料，再打設密封材。這樣的材料就稱為黏合分隔料（bond breaker，亦稱隔黏劑）或襯墊料（backup material，亦稱墊材）。

這是接著（bond）壞掉的東西（breaker），將後方（back）向上（up）拉提的東西。兩者的區別是，沒有厚度的是黏合分隔料，有厚度的是襯墊料。

　施工縫→兩面接著→黏合分隔料、襯墊料

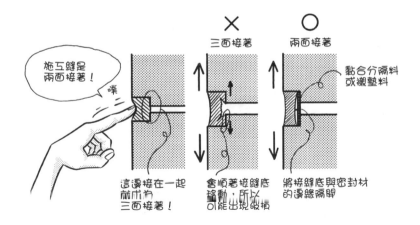

Q 如何把石膏板貼在ALC板、擠出成型水泥板、聚氨酯發泡體面上？

▼

A 一般是用GL接著劑等接著劑來鋪貼。

以輕鋼架或木頭組成壁基礎後，可以直接將板材釘在上面固定，但這種作法比較費事，所以較常使用GL接著劑來貼附。先將丸子狀的GL接著劑以100～300mm左右的間隔排列，再把板材壓貼上去。

GL接著劑雖然是商品名，但已作為一般名稱來使用。以GL接著劑來固定石膏板（plasterboard）的方法，稱為GL工法。在GL接著劑的粉中加水攪拌，使用鏝刀等進行貼附作業。

用GL接著劑來鋪設時，石膏板會裝在從地板的混凝土面稍微抬高一點的地方，因為石膏板的石膏容易吸水。為了把石膏板抬高，在板的下方夾進木片的楔子，板接著完成之後再移除楔子。

丸子狀GL接著劑的厚度是10～15mm左右，隔熱材是30～35mm左右，石膏板是12.5mm，所以從ALC板等的表面到牆壁表面為60mm左右。

Q 如何固定牆壁的輕鋼架基礎？

▼

A 把座板（runner）固定在地板的混凝土、天花板的梁或鋼承鈑上，再豎立間柱。

在建築中，座板是指門檻等有溝槽的軌道。先將以U字形斷面薄鋼板做成的座板，固定在地板和天花板上，中間再嵌入豎立間柱。

間柱是65mm×45mm×0.8mm左右，座板是67mm×40mm×0.8mm左右。天花板高度較高時，根據高度的不同可以使用寬75mm、90mm、100mm等的間柱。

把座板固定在混凝土地板上時，以鉚釘來固定。鉚釘是用鉚釘槍來打設。

把座板固定在梁上時，則是把螺栓銲接在梁上，並在座板上開洞，讓螺栓通過，上下以螺帽鎖緊後固定。由於梁多半施以耐火被覆，螺栓必須延伸至耐火被覆的下方，再把座板固定在下面。

把座板固定在天花板的鋼承鈑上時，將螺栓固定在嵌入件（insert，參見R269）上，再以螺帽鎖緊或進行銲接。

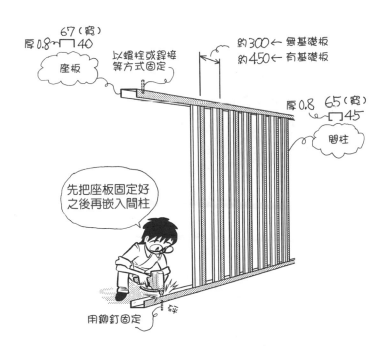

Q 如何以輕鋼架組立壁基礎？

▼

A 將放有間隔物（spacer）的間柱嵌入座板中豎立，再放入橫撐，藉由間隔物來緊固。

間隔物是為了讓間柱的U字形不要崩壞，也就是讓間柱維持形狀，所加入的金屬零件。間柱是以厚0.8mm的薄鋼板製作而成，如果不加入間隔物，馬上就會崩壞了。

間柱是嵌入座板中豎立。間柱與座板之間一般不是以螺絲固定或進行鉚接。裝入橫撐，從上面用螺絲固定石膏板，才能讓間柱的位置安定下來。

橫撐是防止間柱橫向傾倒，作用如同木造的條板（batten，小方材）的U字形細材。間柱上有開洞，讓橫撐穿過。間隔物的下半部設有凹槽，可以把橫撐牢牢壓進去。

石膏板厚12.5mm以螺絲固定在間柱上，再貼上塑膠壁布（vinyl cloth）或進行塗裝等作業。如果要讓牆壁更堅固或隔音性能更好，可以貼兩層厚12.5mm的板。

以木頭間柱（45mm×45mm、72mm×33mm、105mm×33mm等）來組立也是可行的。

Q 牆壁的輕鋼架基礎中,門等處的開口周圍如何處理?

A 如下圖,以C型鋼(帶緣溝型鋼)補強。

用來納入門的門框,由於會有開闔的振動,必須確實地補強。沿著間柱,把C型鋼銲接上去,進行補強。

C型鋼的內側裝設門框。鋼製門框的安裝要領和鋁製窗框一樣,把鋼筋Ø9mm等銲接在C型鋼與門框兩者上來固定(參見R273)。

若是木製門框,在埋入門擋的溝槽處插入螺栓,固定在C型鋼上。固定之後,將門擋嵌入溝槽中,把螺栓隱藏起來。

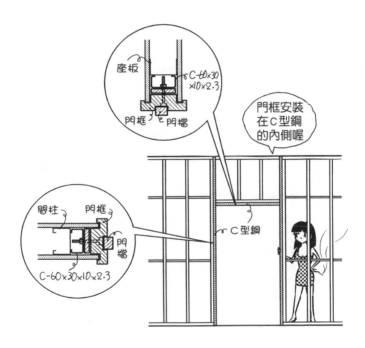

Q 輕鋼架基礎的牆壁與天花板，哪一邊會先設置？

▼

A 一般是牆壁先設置。

牆壁先設置是指固定牆壁時，先將牆壁一直往上延伸至碰到天花板。天花板先設置是指先將天花板固定好之後，再將牆壁延伸至固定完成的天花板。

組立輕鋼架基礎時，若是牆壁先設置，可以利用上下來支撐，牆壁比較安定。把牆壁牢牢固定在地板的混凝土與梁或鋼承鈑上，再和天花板接合。若只鋪設一塊厚 12.5mm 的石膏板直至天花板，天花板裡的聲音容易跑掉。如果要提高隔音性，可以鋪設兩塊石膏板直至天花板裡的結構體，再接至天花板的板來固定。

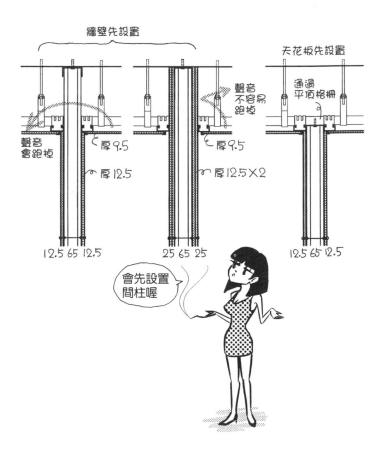

Q 壁基礎與地板基礎，哪一邊會先設置？

▼

A 一般是壁基礎先設置。

在住宅中，廁所排水管：內徑75mm左右，雜排水管：內徑50mm左右，在地板下必須配合排水坡度來進行配管。如果集合住宅不將配管設置在結構體上方，發生漏水等情況時，就必須從下層住家的天花板來進行修繕工程。因此，地板會比結構體提高150mm左右的高度。

組合牆壁、天花板的基礎時，一般會把地板抬高，先組立地板。將牆壁固定在上下的結構體上，確實地進行固定，牆壁比較不會崩壞。以木基礎或輕鋼架基礎組立好牆壁和天花板之後，地板基礎用木造的地板格柵，或者腳支撐螺栓現成品，以四支為一組，加以組立。

地板以一面為一組加以鋪設，先把地板抬高，之後再於地板上裝設牆壁，這種地板先行工法也是可行的作法。

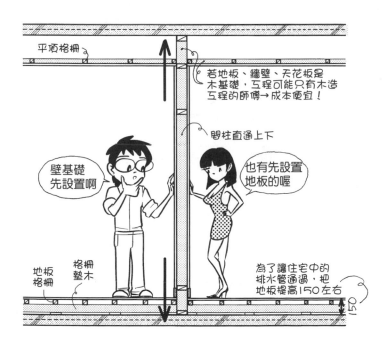

平頂格柵

若地板、牆壁、天花板是木基礎，工程可能只有木造工程的師傅→成本便宜！

間柱直通上下

壁基礎先設置啊

也有先設置地板的喔

地板格柵　格柵　格柵墊木

為了讓住宅中的排水管通過，把地板提高150左右

150

Q 如何懸吊天花板的基礎？

▼

A 在鋼承鈑上先埋入天花板基礎用嵌入件，再從下方旋緊懸吊螺栓（hanger bolt）。

◆ 輕鋼架基礎（LGS基礎）和木基礎的天花板基礎，都是從上方懸吊。為了旋緊懸吊螺栓，必須在結構體側先做出陰螺紋。

常用在鋼承鈑上來旋緊螺栓的是**嵌入件**。insert是插入的意思，在建築中就是指將螺栓放入、用以旋緊的金屬零件。澆置混凝土之前，先在鋼承鈑上開洞，從上方插入嵌入件。

將吊件（hanger）裝在懸吊螺栓上，再將輕鋼架裝設在上面。如果是木基礎，先將魚尾板螺栓（魚尾形狀的懸吊螺栓）旋緊後，再以螺絲固定吊木。

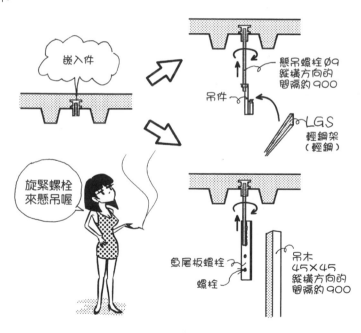

Q 天花板的輕鋼架基礎的組立方法是什麼？

A 如下圖，將平頂格柵支承材（承載龍骨）掛在懸吊螺栓的吊件上，平頂格柵（覆面龍骨）再以與之直交的方式吊掛。

平頂格柵是天花板的基礎，以300mm左右的間隔排列。承接平頂格柵的平頂格柵支承材則以900mm左右的間隔排列。在板的接縫部分，會用寬度較寬的平頂格柵。

雖然天花板形形色色，但住家多是用在石膏兩面貼附紙的三明治式石膏板。厚9.5mm的石膏板在面向平頂格柵側打設螺絲，上面再貼上塑膠壁布或進行塗裝。

如果一開始就使用做出石灰華花紋狀凹洞（蟲咬狀）、表面經過塗裝的化妝石膏板（fancy gypsum board），就不必費事修飾。這種石膏板常用在辦公室的天花板等處。為了不要太顯目，只用螺頭塗白的螺絲來固定平頂格柵。

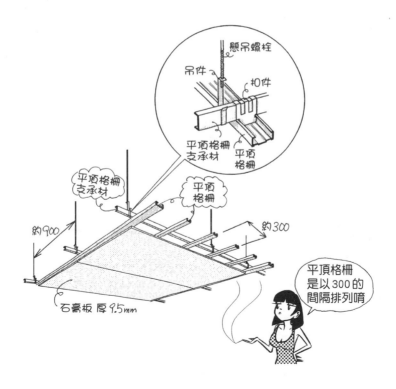

懸吊螺栓
吊件
扣件
平頂格柵支承材
平頂格柵
平頂格柵支承材
平頂格柵
約900
約300
石膏板 厚9.5mm
平頂格柵是以300的間隔排列唷

Q 鋼骨的耐火被覆有哪些種類？

▼

A 噴附岩棉（rockwool）、鋪設具耐火性的板材、鋪貼具耐火性的布、塗裝具耐火性的塗料等。

■ 鋼在500度時強度會減半。這時為了讓鋼能夠耐火，需要被覆具耐火性的材料。

岩棉是耐火性的纖維，用軟管把岩棉噴附在鋼骨的周圍。**石棉**（asbestos）會致癌，禁止使用。噴附岩棉價格便宜，也是最普遍的作法。

鋪設具不可燃性的板材也是常用的方法，包括ALC板、擠出成型水泥板、石膏板、矽酸鈣板（calcium silicate board）等。矽酸鈣板具耐火性、隔熱效果佳、強度高，用在屋簷天花板、浴室天花板和廚房的內裝。

另外也有在兩塊布的中間夾入岩棉的商品化**耐火布**。在柱或梁上，以薄片狀的耐火布捲起包覆。

耐火塗料是發泡性的樹脂塗料，遇熱體積膨脹20～30倍，形成炭化層（char layer），以發揮耐火性能。

防火時效依岩棉厚度、耐火板的種類和厚度而異。為了符合建築基準法中規定的防火時效，必須慎選被覆材和厚度。

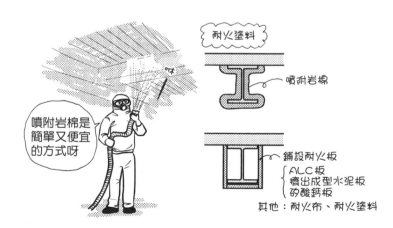

Q 梁下最突出的耐火被覆面是哪裡？

▼

A 覆蓋了耐火被覆的高拉力螺栓突出處。

天花板裡盡量不要浪費空間，所以在非常靠近梁下的部位會裝設支撐天花板的支撐材（平頂格柵）。如果覆上耐火被覆，梁下還要再加上耐火被覆的厚度部分，才能設置平頂格柵。

梁下最突出的地方不是翼板，而是繼手部分的高拉力螺栓突出處。繼手是連接鈑＋螺帽＋螺栓的多餘部分，會從翼板面下方突出。這裡也是耐火被覆覆蓋的部分，設計平頂格柵的位置時，要以該處來決定。

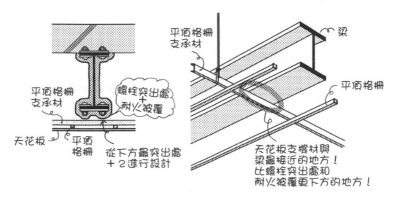

Q 如何固定鋼骨用的鋁製窗框？

▼

A 把短鋼筋銲接到角鋼等和窗框的鋼製板上來固定。

為了補強開口部，縱向、橫向放入角鋼或C型鋼。把短鋼筋銲接到這個角鋼、C型鋼上。

由於窗框側是鋁，無法直接銲接（鋁要用特殊銲接）。窗框的外側附有滑動用的鋼製板，短鋼筋就是銲接到這個地方。

固定窗框用的短鋼筋稱為**窗框錨栓**（sash anchor），就像在建物上下錨一樣，是牢牢固定用的物品。

在開口補強的骨架組立中放入窗框，銲接窗框錨栓時，先把木片等插入窗框與角鋼之間的間隙，進行位置的微調整。插入的木片稱為**楔子**。

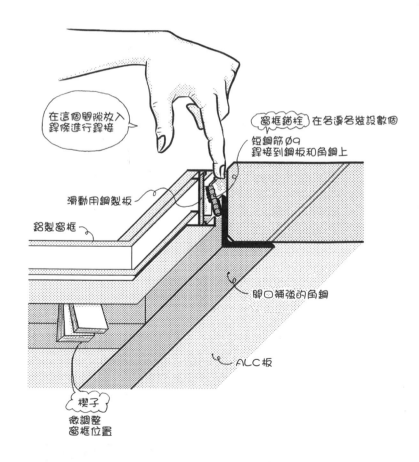

Q 窗框的水切板（洩水板）是什麼？

▼

A 為了讓水從牆壁往外流動而安裝在窗框下半部的板。

窗框與 ALC 板之間要填充密封材。因為水會流到窗框的下半部聚集起來，如果封口有缺口，水會滲到內部。

相較於左右兩側和上緣的框板，窗框下緣的斷面比較複雜。當外牆面比窗框更向外突出時，水會聚集在牆壁上面，容易滲入內部。由於水會聚集、與牆壁的間隙變大水容易滲入等原因，在窗框下緣的下方裝上鋁製水切板（draining board）。就像是小雨遮一樣把水切板稍微突出牆壁，讓水流向外側。

窗框與水切板的接合部，以及水切板與 ALC 板之間的間隙，都從下方密封。和填充接縫使用的密封材一樣，無塗裝者適用變性矽利康類，有塗裝者適用聚氨酯類。

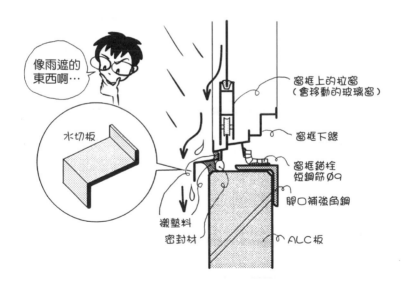

像雨遮的
東西啊…

水切板

窗框上的拉窗
（會移動的玻璃窗）

窗框下緣

窗框錨栓
短鋼筋Ø9

眼口補強角鋼

襯墊料
密封材

ALC板

Q 窗框與ALC板之間的間隙是用什麼東西來填充？

▼

A 外側密封，內部填充防水砂漿或聚氨酯發泡體。

利用窗框錨栓銲接到角鋼上固定窗框，密封接縫之後，在ALC板與窗框之間的間隙填充防水砂漿或聚氨酯發泡體。如果間隙處有空洞，水容易進入，隔熱效果也差，還會破壞防火區劃。

防水砂漿是在普通的水泥砂漿中加入防水劑，是讓水容易彈開的水泥砂漿。RC造中的窗框，也常用防水砂漿作為填充物。

聚氨酯發泡體是讓聚氨酯發泡，使之產生許多氣泡的物品，經常作為隔熱材使用。聚氨酯發泡體用於牆壁時，會用連接至機械的噴槍進行噴附作業，窗框的間隙等較小的部分也會用噴罐等來作業。

由於聚氨酯發泡體會燃燒，如果只是單純填充，無法將防火區劃的孔洞覆蓋起來。這時可以在窗框與ALC板之間，放上鋼板或鋁板，切割出防火區域。

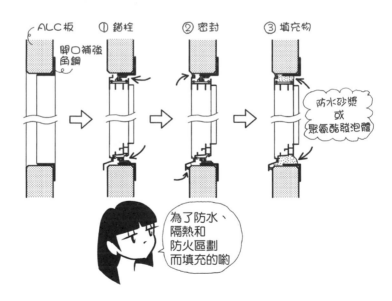

Q 窗框的下緣為什麼是複雜的階梯狀？

▼

A 為了讓水向外流出。

玻璃窗或紗窗的拉窗，滑輪都是隱藏起來的。窗軌做成階梯狀，各軌道的兩端留出缺口，水就會順著向下流。除了玻璃窗或紗窗的軌道之外，有時百葉窗或遮雨窗也會裝設軌道。

ALC板用的窗框寬度一般是70mm左右。測量窗框寬度時，不會加入水切板或安裝木框用的鋁製L型金屬構件的厚度。因為水切板或L型金屬構件都是之後加裝在窗框上的東西。

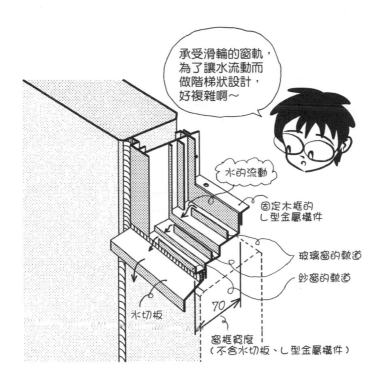

承受滑輪的窗軌，
為了讓水流動而
做階梯狀設計，
好複雜啊～

水的流動

固定木框的
L型金屬構件

玻璃窗的軌道

紗窗的軌道

水切板

70

窗框寬度
（不含水切板、L型金屬構件）

Q 雙開窗框的縱框斷面是什麼形狀？

A 像是以刀刃插入拉窗的溝槽一般，水密性、氣密性高。

左右的縱向窗框不像下緣那麼複雜。縱框的中間部分，大多如刺入拉窗的溝槽一般，有像刀刃一樣的板從窗框中突出來。

關上窗戶時，刀刃刺入拉窗側邊的溝槽中，若進一步放入橡膠或毛刷等物品，水密性、氣密性會提高。關上時就像把拉窗的寬度收納進去一樣，縱框側也有做好凹陷處的製品。

窗框下緣需要承重，所以必須設置滑輪，上緣則只需要可以讓軌道進入溝槽的導軌。

除了橫拉窗之外的推窗等，呈現與橫拉窗不同的凹凸形式。

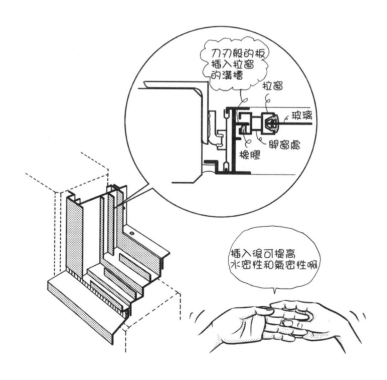

刀刃般的板插入拉窗的溝槽

拉窗

玻璃

睭窗處

橡膠

插入後可提高水密性和氣密性啊

Q 窗框的內側為什麼要裝木框？

▼

A 為了把牆壁多餘的厚度隱藏起來，漂亮收納。

ALC板的內側會噴附作為隔熱材的聚氨酯發泡體等，而隔熱材表面凹凸不平，所以稍微間隔一點距離之後，再鋪設厚12.5mm的石膏板等。隔熱材35mm＋間隔10mm＋石膏板12.5mm＝約為60mm。

牆壁的厚度則是ALC板的厚度100mm＋內裝60mm＝約為160mm。窗框寬度70mm，如果從ALC板的外面向內側取10mm裝設，牆壁厚160mm－10mm－70mm＝80mm，這是窗框到板面的距離。

從窗框到板面的牆壁厚度是80mm，需要考量的問題是，這段距離該如何覆蓋。如果板在窗戶的部位以L字形彎曲，可以利用石膏來製作，但容易出現缺角。將板環繞為L型時，角隅需要加入樹脂製的L型製品來補強。之後再進行塗裝或貼塑膠壁布。

最傳統的作法是，在窗框與板的間隙中放入厚25mm的木框，既不必擔心缺角，也方便貼塑膠壁布。為了讓即使板移動也不會產生間隙，可以先在木框上做出插入板的溝槽。

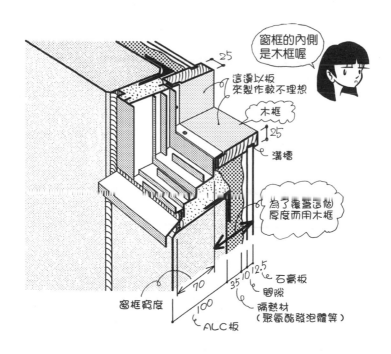

Q 在ALC板上貼磁磚時，如何收納窗框？

▼

A 如下圖，窗框稍微往內側移動固定，與ALC板之間以密封材密封，裝上收邊磚（trim tile），再將磁磚與窗框之間的間隙密封起來。

下圖以貼在ALC板上，中心角50mm，接縫寬度5mm，實長45mm的正方形磁磚為例。使用在外牆的磁磚為瓷質，和茶杯等的材質相同，與塗裝相較，比較不容易髒污。

開口部的角隅，使用稱為收邊磚的特殊L型磁磚，漂亮收納。窗框比磁磚面更向外突出，也有磁磚緊靠著窗框的收納形式。這時窗沒有深度，不會感受到牆壁的厚度，感覺平順。

窗框與ALC板之間以密封材密封，並且進一步將磁磚與窗框之間也密封起來。

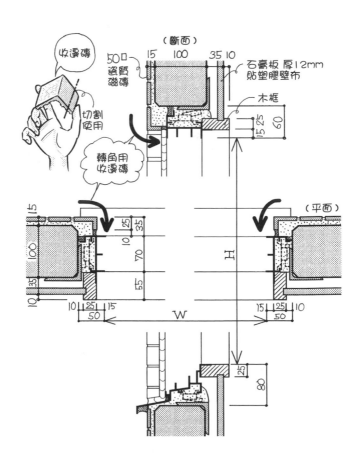

Q 如何把外用的鋁製門固定在建物上？

▼

A 和窗戶一樣，把短鋼筋等銲接到補強用角鋼或埋設在混凝土中的金屬構件上，進行固定。

門的開口部分，通常在其左右和上緣都會加入開口補強的角鋼或C型鋼（參見R266）。下緣的混凝土部分則事先埋入鋼筋等的金屬構件。為了讓門框側的金屬構件與建物側的金屬構件連結在一起，銲接鋼筋Ø9mm等來固定。

和窗框一樣，固定後密封外側的接縫，在間隙中填充防水砂漿等。之後噴附隔熱材，用螺絲把木框固定在門框上，插入板來進行安裝。除了鋁製門之外，也常使用鋼製門，固定在建物上的方法幾乎相同。

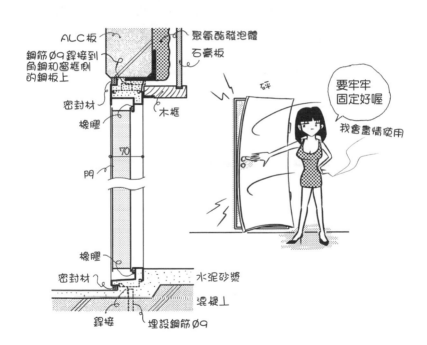

國家圖書館出版品預行編目資料

圖解S造建築入門：一次精通鋼骨造建築的基本知識、設計、
施工和應用／原口秀昭著；陳嘩亭譯.--二版.--臺北市：臉譜，
城邦文化出版：家庭傳媒城邦分公司發行, 2023.01
　　面；　公分. --（藝術叢書；FI1023X）
譯自：ゼロからはじめる 「S造建築」入門
ISBN 978-626-315-210-6（平裝）

1. 鋼結構 2. 結構工程

441.559　　　　　　　　　　　111016134

ZERO KARA HAJIMERU "S ZOU KENCHIKU" NYUUMON by Hideaki Haraguchi
Copyright © 2011 Hideaki Haraguchi
All Rights Reserved.
Original Japanese edition published in 2011 by SHOKOKUSHA Publishing Co., Ltd.
Complex Chinese Character translation rights arranged with SHOKOKUSHA Publishing Co., Ltd.
through Amann Co., Ltd.
Complex Chinese translation copyright © 2023 by Faces Publications, a division of Cité Publishing Ltd.
All Rights Reserved.

藝術叢書 FI1023X

圖解S造建築入門
一次精通鋼骨造建築的基本知識、設計、施工和應用

作　　　者　原口秀昭
譯　　　者　陳嘩亭
副 總 編 輯　劉麗真
主　　　編　陳逸瑛、顧立平
美 術 設 計　陳文德

發 行 人　涂玉雲
出　　版　臉譜出版
　　　　　城邦文化事業股份有限公司
　　　　　台北市中山區民生東路二段141號5樓
　　　　　電話：886-2-25007696　傳真：886-2-25001952
發　　行　英屬蓋曼群島商家庭傳媒股份有限公司城邦分公司
　　　　　台北市中山區民生東路二段141號11樓
　　　　　客服服務專線：886-2-25007718；25007719
　　　　　24小時傳真專線：886-2-25001990；25001991
　　　　　服務時間：週一至週五上午09:30-12:00；下午13:30-17:00
　　　　　劃撥帳號：19863813　戶名：書虫股份有限公司
　　　　　讀者服務信箱：service@readingclub.com.tw
香港發行所　城邦（香港）出版集團有限公司
　　　　　香港灣仔駱克道193號東超商業中心1樓
　　　　　電話：852-25086231　傳真： 852-25789337
　　　　　E-mail：hkcite@biznetvigator.com
馬新發行所　城邦（馬新）出版集團 Cité (M) Sdn Bhd
　　　　　41, Jalan Radin Anum, Bandar Baru Sri Petaling, 57000 Kuala Lumpur, Malaysia
　　　　　電話：603-90578822　傳真：603-90576622
　　　　　E-mail: cite@cite.com.my

二 版 一 刷　2023年1月

城邦讀書花園
www.cite.com.tw

版權所有‧翻印必究
ISBN 978-626-315-210-6

定價：380元
（本書如有缺頁、破損、倒裝，請寄回更換）